群居的
杂食猛兽 狼

主编◎王子安

汕頭大學出版社

Animal

图书在版编目（ＣＩＰ）数据

群居的杂食猛兽：狼 / 王子安主编. -- 汕头：汕头大学出版社，2012.5（2024.1重印）
ISBN 978-7-5658-0786-2

Ⅰ. ①群… Ⅱ. ①王… Ⅲ. ①狼－普及读物 Ⅳ. ①Q959.838-49

中国版本图书馆CIP数据核字(2012)第097791号

群居的杂食猛兽：狼　　　　QUNJU DE ZASHI MENGSHOU：LANG

主　　编：王子安
责任编辑：胡开祥
责任技编：黄东生
封面设计：君阅书装
出版发行：汕头大学出版社
　　　　　广东省汕头市汕头大学内　邮编：515063
电　　话：0754-82904613
印　　刷：唐山楠萍印务有限公司
开　　本：710 mm×1000 mm　1/16
印　　张：12
字　　数：68千字
版　　次：2012年5月第1版
印　　次：2024年1月第2次印刷
定　　价：55.00元
ISBN 978-7-5658-0786-2

前　言

　　这是一部揭示奥秘、展现多彩世界的知识书籍，是一部面向广大青少年的科普读物。这里有几十亿年的生物奇观，有浩淼无垠的太空探索，有引人遐想的史前文明，有绚烂至极的鲜花王国，有动人心魄的考古发现，有令人难解的海底宝藏，有金戈铁马的兵家猎秘，有绚丽多彩的文化奇观，有源远流长的中医百科，有侏罗纪时代的霸者演变，有神秘莫测的天外来客，有千姿百态的动植物猎手，有关乎人生的健康秘籍等，涉足多个领域，勾勒出了趣味横生的"趣味百科"。当人类漫步在既充满生机活力又诡谲神秘的地球时，面对浩瀚的奇观，无穷的变化，惨烈的动荡，或惊诧，或敬畏，或高歌，或搏击，或求索……无数的探寻、奋斗、征战，带来了无数的胜利和失败。生与死，血与火，悲与欢的洗礼，启迪着人类的成长，壮美着人生的绚丽，更使人类艰难执着地走上了无穷无尽的生存、发展、探索之路。仰头苍天的无垠宇宙之谜，俯首脚下的神奇地球之谜，伴随周围的密集生物之谜，令年轻的人类迷茫、感叹、崇拜、思索，力图走出无为，揭示本原，找出那奥秘的钥匙，打开那万象之谜。

　　从古至今，人们对狼就似乎有一种与生俱来的憎恶情绪。古希腊寓言家拉封丹写过许多关于狼的寓言，他笔下的狼，不是凶狠就是狡诈。追溯远古，人们把狼的形象画在石壁上时，心中充溢着惊奇。爱斯基摩人和印第安人很早就认识到狼的优秀特质，许多印地安部落还把狼选作他们的图腾，他们尊重狼的勇气、智慧和惊人的技能。现如今，狼性文化也成为一个时代的呐喊！

《群居的杂食猛兽：狼》一书共分为四章，第一章是漫谈狼的谜案，如狼的进化历程、狼的物种特性等方面的内容；第二章介绍的是狼的种类和分布；第三章叙述的是与狼有关的文化；第四章讲述的是与狼有关的传说和故事等。本书集知识性与趣味性于一体，是青少年课外拓展知识的最佳知识读本。

此外，本书为了迎合广大青少年读者的阅读兴趣，还配有相应的图文解说与介绍，再加上简约、独具一格的版式设计，以及多元素色彩的内容编排，使本书的内容更加生动化、更有吸引力，使本来生趣盎然的知识内容变得更加新鲜亮丽，从而提高了读者在阅读时的感官效果。

由于时间仓促，水平有限，错误和疏漏之处在所难免，敬请读者提出宝贵意见。

2012年5月

目录
CONTENTS

第一章　漫谈狼之谜

人类心目中的狼　　　/ 4

用理性去认识狼　　　/ 9

狼的进化历程　　　　/ 12

狼的物种特性　　　　/ 21

濒危中的狼　　　　　/ 43

第二章　狼的种类及分布

狼的种类　　　　　　/ 49

狼的分布情况　　　　/ 89

第三章　漫话狼文化

文学上"狼"字的意蕴　　　　/ 101

汉文化中的狼意象　　　　　/ 103

现代文学中的狼文化　　　　/ 108

现代文化中的狼精神　　　　/ 111

企业的狼性文化　　　　　　/ 116

现代童话中的狼形象　　　　/ 124

第四章　与狼有关的传说和故事

传说中的狼　　　　　　　　/ 143

与狼有关的故事　　　　　　/ 147

有关狼的文章欣赏　　　　　/ 170

与狼有关的哲理典故　　　　/ 175

与狼有关的名词　　　　　　/ 180

第 一 章

漫谈狼之谜

追溯远古，人们把狼的形象画在石壁上时，心中充溢着惊奇。爱斯基摩人和印第安人很早就认识到狼的优秀特质，许多印地安部落还把狼选作他们的图腾，他们尊重狼的勇气、智慧和惊人的技能，他们珍视狼的存在，甚至认为在地球上，除了猎枪、毒药和陷阱，狼几乎可以和一切抗衡。

古人相信，狼懂人言，它们身上存在着令人崇拜的神奇力量。如果对狼不尊敬，狼就会施加报复。好些民族甚至不敢直呼狼的大名，以至流传着许多挖空心思的避狼讳的说法。斯摩棱斯克农民碰见狼以后问候："您好，棒小伙子！"爱沙尼亚人管狼叫"叔叔""牧人"或"长尾巴"。立陶宛人称"野外的"。科里亚克人说"袖手旁观者"。阿布哈兹猎人则说"幸福之口"。楚奇克人最怕狼的报

复。眼看着狼咬死自己的鹿也不敢动狼一根毫毛。布里亚特人冬天用雪、夏天用土撒盖狼血，不然的话，后患无穷。

通过对狼的深入研究发现：狼是一种不可思议的动物。从自然历史的进化来看，狼也是世界上发育最完善、最成功的大型肉食动物之一。它具有超常的速度、精力和能量，有丰富的嚎叫信息和体态语言，还有非常发达的嗅觉。它们为了生活和生存而友好相处，为了哺育和教育后代而相互合作，其突出表现在群体社交和相互关心方面，可以说仅次于灵长目动物。狼可以控制草食动物的数量，也就是起着维护草原和森林生态平衡的作用，而且它们追捕的多是老、弱、病、残等动物，对草食动物本身也起着复壮种群的作用。从生态学上来说狼的历史比人类还长，它们的活动范围伸展到山区、平原、沙漠、冻原……几乎遍及全世界！所以，在自然界中应该有狼，没有狼，就不是一个完整的生态系统。

人类心目中的狼

从古至今，人们对狼就似乎有一种与生俱来的憎恶情绪。古希腊寓言家拉封丹写过许多关于狼的寓言，他笔下的狼，不是凶狠就是狡诈。明朝以描写鬼怪著称的蒲松龄，在其名著《聊斋志异》中也有《狼》三则，通过描写农夫如何机智勇敢来反衬狼的凶狠、狡诈和贪婪，把狼刻画得跟凶神恶刹一般。翻开成语词典，"狼狈为奸""狼子野心""鬼哭狼嚎""狼心狗肺"，带"狼"字的贬义词比比皆

犬属，吻略尖长，口稍宽阔，嗅觉敏锐，听觉良好，常采用穷追方式获得猎物，杂食性，主要以鹿类、羚羊、兔等中小型动物为食，集结成群时也猎杀大型动物。就像所有动物一样，狼也需要通过食物获取能量，维持生存，

是。民间关于狼的谚语，如"白眼狼""舍不得孩子套不住狼""可怜狼的人要被狼吃掉""狼的牙齿会掉，本性却难改"……不用说褒义的，就连中性的都找不到。狼无形中成了人们心目中凶残、狡诈、贪婪的代表，人们对狼充满了惧怕和憎恶。

难道狼天生就是人类的敌人？根据生物学分析，狼属食肉目犬科

在饥饿难耐时，也时有危及牲畜甚至人类生命的事情发生，但这正体现了弱肉强食的自然法则。在人类历史上的饥荒年代，人吃人的事情都曾发生过，可人们却始终没改变对狼的憎恶。小时候，常听长辈们讲"农夫与狼""狼和山羊""小

红帽"等狼的故事，结局总是"狼吃掉羊"或"杀死狼"，也许人们对狼的憎恨，正是在这种朦朦胧胧的意识下建立起来的。我们从小接受的就是"好孩子"式的教育，要像羔羊一样温顺、像黄牛一样憨厚、像狡兔一样谨慎、像小鸟一样依人，却从没人鼓励我们要像狼一样顽强和自立，像狼一样具有鲜明的个性和坚强的生命力。

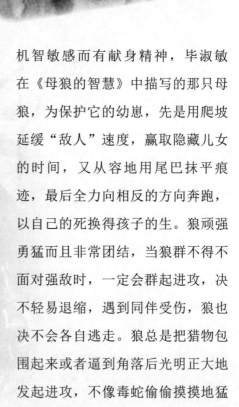

现代人大都喜爱豢养宠物，据说狗是人类宠物中比例最高的。人们每天都去遛狗，按时给狗喂养食物，有些人甚至与自己的宠物狗同桌进食，同床睡觉，又搂又抱，倍加溺爱。殊不知，狗的祖先正是狼，狼是经过人类长期驯化才演变成了今天的狗。汉字中的"狼"字，其构成就是左边一个"犬"，右边一个"良"，顾名思义，狼是良犬。

狼有许多鲜明的个性，它们机智敏感而有献身精神，毕淑敏在《母狼的智慧》中描写的那只母狼，为保护它的幼崽，先是用爬坡延缓"敌人"速度，赢取隐藏儿女的时间，又从容地用尾巴抹平痕迹，最后全力向相反的方向奔跑，以自己的死换得孩子的生。狼顽强勇猛而且非常团结，当狼群不得不面对强敌时，一定会群起进攻，决不轻易退缩，遇到同伴受伤，狼也决不会各自逃走。狼总是把猎物包围起来或者逼到角落后光明正大地发起进攻，不像毒蛇偷偷摸摸地猛咬一口后逃之夭夭，更不像吸血蚊虫趁人不备地不停骚扰。狼也并非如人所言的"狼心狗肺",没有忠诚。

人类是地球上最智慧的群体,狼也是地球上的一个物种,人与狼是共处共生的,应该是朋友。科学家泰肯和古生物学家帕多就认为,人类祖先与狗的祖先是狼,早在远古时期就建立了密切关系,这种关系至少可以追溯到10万至13万年以前。人类的祖先与古代狼群在世代共生中结成了密切的合作关系,狼群能帮助人类更加容易地进行大型的狩猎活动。在世界上许多地方的考古挖掘中,都发现古代人类遗骸与狼的遗骸埋葬在一起,恰恰能证明人与狼共生的关系。意大利首都罗马的城徽至今仍保留着狼的图案,千百年来,人们一直传颂着关于罗马城起源的"母狼育婴"的故事。

动物是人类的朋友,它们与人类一同构成整个地球的生态系统,人类不应该随意侵

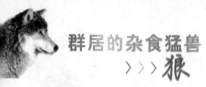
犯它们的领地，剥夺它们的生存权力。传说在100多年前，森林一片葱绿、生机勃勃，共同生活着鹿群和狼群。然而当地居民恨透了狼，他们组成狩猎队专门到森林里捕杀狼，狼几乎被赶尽杀绝。没有了天敌的鹿群开始大量繁殖，很快就超过了10万只。大片绿色植被都让鹿啃光了，森林中闹起了饥荒，仅仅两个冬天，森林里就只剩下8000只病鹿在游荡。究其原因，狼也是生物链中的一环，它们吃掉一些鹿，控制鹿群的数量，使森林植被不会被严重破坏；另一方面，狼往往吃掉的是那些逃生能力差的病鹿，这样也可以控制疾病在鹿群中的传播。在大自然中有些鸟类，因自身非常弱小无法独立猎食，只有依靠狼猎食后的残渣来生活。所以说人类不能随意灭杀动物种群，这会破坏整个生态系统，最终受惩罚、受伤害的将是人类自己。

共享一个地球，人类和包括狼在内的动物应当和谐共处，不要再为自己的狭隘利益而去伤害那些正逐渐灭绝的动物。

用理性去认识狼

　　狼是食肉猛兽之一，主要分布在亚洲、欧洲和北美洲的平原、山地和原始森林中。因此，生活在这些地区的人们，对狼的看法有着不同的褒贬观。在一些民族中，狼享受着"祖先"的荣誉；而在另外一些民族中，它又被视为"大敌"。

　　在欧洲一些国家的传说里，狼被尊为保护神。许多王公贵族喜欢在宫廷中豢养狼，它们认为狼是了不起的猎手、智勇双全的斗士。后来，为了使狼看上去更威风，人们有意识地让狼与大狗杂交，结果出现了性情变化无常、高大威猛、攻击性特别强的狼狗，它们肆虐于乡村、城镇，恶名却落到了狼的身上，以致

今天只有在美国阿拉斯加、明尼苏达州和加拿大的一些地方生活着相当数量的狼。公元一世纪罗马学者兼作家普林尼·斯塔尔希笔下的狼头能战胜魔力。当时各个庄园的门上都挂一个狼头，以借神威。西西里岛上的居民到了十九世纪还在马厩里放一个狼爪子。马病了，就把狼爪子挨在马耳朵上除魔。连死掉的狼，很多民族也恭敬有加，古雅典人有一个规矩：谁打死了狼，谁必须把狼埋葬；亚库梯人对狼尸毫不马虎，他们模仿西伯利亚泰加原始森林居民的葬仪，把死狼裹在干草里，挂在树上，可谓尽心。

与此相反的情况也有，例如我国的汉族人就认定"豺狼虎豹"为四大害兽，其中最厉害的是虎和狼，因而有"虎狼当道"一词出现。

那么，这种对狼的截然不同的认识是怎样产生的呢？其根本原因就是对狼的畏惧。

首先是狼的声音。狼是夜行性动物，每到黄昏过后，它们就一边走，一边发出低声的嚎叫，用以辨认同伙、求得配偶，或者保持群与群之间的距离与势力范围。有时，

它们也用嚎叫表示惊恐、抗拒、进攻或发出危险、退却信号。由于它们的嘴常贴近地面，所以嚎叫声可以传得很远，加之它们喜欢在没有月光的黑夜时大声嚎叫，所以经常会令人们触景生情，十分恐惧。

其次是狼的凶残。贪恋肉食的狼可以忍受一星期的饥饿而不减其威，当这种饿狼一发现猎物时，就会全神贯注、眼露凶光，这在黑夜中看上去尤其害怕。此外，它们经常是几只（一个家族）、十几只以至几十上百只（几个家族）联合出击，个体既身手灵活，又有尖爪利齿，集体更善于互相呼应，配合作战。不仅猎物难以逃生，就是一般猎人因惧其淫威也得退避三舍。

无数次丧生狼口的残酷现实，迫使原始人类不得不寻求适当的解决办法。在人类文化水平还非常低的情况下，他们找来找去，结果出现了唯心主义的原始宗教的雏形——"图腾"，即拜自己既惧怕又崇敬的动物为祖先。目的是希望狼不要伤害自己，并借助狼的法力避免其他自然力对本民族的伤害。

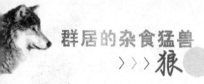

狼的进化历程

大约在6500多万年以前的中生代白垩纪晚期，当时陆地上最大的爬行动物——恐龙突然灭绝，这给哺乳动物繁荣昌盛创造了绝佳机会。在此后的1000多万年的时间里，随着新生代的大幕逐渐拉开，各种小型哺乳动物纷纷登上了进化史的舞台。在距今大约5000万年的新生代始新世，现代食肉动物的共同祖先开始出现，以麦芽西兽的出现为标志，食肉类动物真是走上了漫长的进化之路。

麦芽西兽是现代食肉动物猫科、犬科、熊科、鼬科等动物的共同祖先，它具五指、较长的身体和较短的四肢，总体来说麦芽西兽类似于现在的鼬科动物，它能够爬树，捕食一些鸟类、小型啮齿类动物。有些科学家认为麦芽西兽也可能吃一些蛋或者水果。

在大约4700万年前的始新世

中期，麦芽西兽开始分化并逐渐分化出猫亚目和犬亚目两个比较大的类群。其中，猫亚目是现代猫科动物的祖先，而犬亚目则逐渐分化出现代犬科动物。在恐龙灭绝后，存在两个巨大的生态位需要填补：大型的捕食者和大型的被捕食者。由于在恐龙时代，哺乳类动物多数体型甚小，因此在整个新生代，众多的哺乳类动物开始向更大的体型发展以占据恐龙灭绝所遗留下的生态位，最先得以发展的是被捕食者，也就是我们经常所说的食草动物，像始祖马，从最初的狐狸大小的体型，经过几个世代的进化，最终演化出体型高大的现代马。伴随着被捕食者的体型变化，捕食者的体型也日益增大。当然，由于资源的限制和作为恒温动物能量消耗较高的原因，两者都不可能出现像梁龙或霸王龙那样巨大的体型。

始新世晚期，犬科最早从犬亚目中分化出来，这一时期的代表动物是黄昏犬（Hesperocyon）。

Hesperocyon的意思是西方的狗，它的出现标志着犬亚目动物的正式登场，它是犬亚目分化的关键种，也是犬科动物最初的三个分支之一。这些犬科动物的体型要比麦芽西兽大，类似于今天的狐狸，它们具有柔软但健壮的身体、长长的尾巴、带趾垫的足和较短的吻，与现在的狗或狼一样，它们是真正的趾行动物，这使它们相比麦芽西兽来说要善于奔跑但又具有很强的攀爬

能力。当然，作为食肉动物来说，它们的听觉和嗅觉都有了一定的发展。

我们把进化史上曾经出现的犬科动物三个分支（即犬科的三个亚科）称为：今犬亚科、古犬亚科和恐犬亚科（类似鬣狗的犬科动物）。黄昏犬所代表的那个分支就是其中的古犬亚科。古犬亚科曾经盛极一时，既有体型较大类似鬣狗的食骨者，又有体型较小类似郊狼的食腐者。

2300万年的中新世，古犬亚科的动物纷纷灭绝，但其中的Nothocyon和Leptocyon两类却存活下来，并进而各自发展成为恐犬亚科和今犬亚科。恐犬亚科，是在1600万年前由Nothocyon中的汤氏属进化出来的。它们的特征是短脸，强有力的下颌骨和通常硕大的体型，外观模样介于鬣狗和狗之间。这些动物曾经和熊狗共同生活过一段时间，并且应当存在激烈竞争，在熊狗灭绝后，它们取代了熊

狗的生态位。尽管汤氏属的特征和今犬亚科动物非常接近，但今犬亚科动物并不是由汤氏属进化而来的。

在大约1000万年的中新世晚期，随着恐犬亚科动物的衰退，一类体型较小的古犬亚科动物Leptocyon得到了发展机会，这些体型类似狐狸的动物，逐渐演化为今犬亚科，今犬亚科进而进化出了今天存活于世界各地的各种现代犬科动物。

现代犬科动物到底起源于何地至今仍有争论，有人说现代犬科动物起源于美洲大陆的西南端，并在演化的一定阶段通过大陆桥辐射到欧亚大陆，可有人对此则持相反的观点。不过不可否认的是，由于大陆桥的存在，新旧大陆动物的相互辐射和影响不可避免。或许对于迁徙能力很强的食肉动物来说，新旧大陆件根本就不存在障碍。

现代犬科动物成功的一个重要原因是它们的牙齿结构，它们的牙齿具有了既能剪切又能研磨的功能，这使它们的捕食和摄取能量的能力大大加强。

在距今800万年前的中新世晚期，狼与豺、狐狸等犬属动物最先在亚洲出现。当然，这里并不是进化的终点，这时的狼和现在的狼并不完全相同。在这以后的几百万年的时间里，在美洲和欧洲也都先后出现过几种狼，其中一些便是今天红狼和郊狼的祖先。然而，灰狼的基因仍旧蕴藏在各种狼的体内，等待时机一到便组装为真正的终极杀手。

在500万年前的上新世到180万年前的更新世时期，犬科动物先后到达了非洲和南美洲，并在全世界繁衍起来。这一阶段中，郊狼和红狼从它们的祖先中分化出来，郊狼和红狼只分布于北美地区，由于体型甚小，它们一般不具备捕杀大型猎物的能力。并且，我们一般所指的狼并不包括此两者，而仅仅是指灰狼。

还有一种大名鼎鼎的狼——恐

狼在更新世晚期出现。恐狼的名气之所以大不仅仅是因为它较大的体型，更是因为它直到8000年前才灭绝。这使得恐狼成为除灰狼外，人类可能曾经面对过的唯一一种"大灰狼"。

恐狼一直生活在北美大陆，传说中的恐狼具有凶恶的眼神和钢铁般的脸庞，潜伏在黑夜之中，吼唱着它们那感激死者的恐狼之歌。

传说中的恐狼十分可怕，但从化石上看来，事实上恐狼只是比灰狼略大一些罢了。恐狼的牙齿要比灰狼有力，从这一点上推断，恐狼可能更轻易地咬碎猎物的骨头来食取里面的骨髓。恐狼应该是典型的机会捕食者，在洛杉矶著名的沥青坑中有3600具恐狼骨骼，这比其他动物要多的多，这说明它们常常潜伏在这片沼泽中以伺机猎杀陷进沼泽的猎物。恐狼还有一个比较健壮的原因是，恐狼主要的猎物长角野牛、西方马都是十分健壮的动物。尽管洛杉矶的恐狼化石最为丰富，但恐狼的第一次发现则是在1854年的费城，1858年雷第博士第一次将这种灭绝不久的物种命名为恐狼。

灰狼的出现甚至要比恐狼还早一些，这种存活到现在的犬科之王发源于距今30万年的更新世中期，最先出现的地点是欧亚大陆，然后从白令海峡的大陆桥扩散至美洲大陆。

灰狼曾经和恐狼共同生活过近10万年的时间。由于恐狼从没有

到过欧亚大陆，而从今天的结果看来，远道而来的灰狼的生存能力似乎更强。灰狼和恐狼到底有多大强度的竞争我们不得而知，但仅从体型上来看，两者的生态位重叠应该相当明显，也就是说两位经验老到的猎手具有类似的猎物。在猎物足够丰盛的情况下两者似乎相安无事，但是一旦条件发生变化，那么两者之间的真正差距便暴露无遗，虽然不一定存在厮杀与搏斗，但爪牙之间的较量却已经体现在捕食的效率上了，最终的结局自认是强者生存、弱者淘汰。

灰狼能够取得进化上的成功并不只是因为它仅仅胜恐狼一筹，食性、行为、捕食策略、自身的身体结构等多方面的进化特征使它更能适应当前的条件。

知识百花园

"狼孩传说"

从古至今，无论是神话传说还是科学文献中，都有"狼孩"——狼哺养长大的男孩或女孩的出现，这又是怎么一回事呢？

为了便于理解，我们把"狼孩"分为两个方面来叙述，即意识形态中的"狼孩"和自然界中的"狼孩"。

在古罗马，母狼养活罗穆尔和列姆的故事流芳百世。当时的古罗马城的标志是一只奶着婴儿的卡皮托亚母狼。在东方，古老的突厥族也有类似的传说：中国人救活了一个10岁的小孩，他是一群被消灭的匈奴人当中的唯一幸存者。长大以后，他和母狼住在一起，共生了10个儿子。每个儿子后来都建立了一个突厥部落。他们之中的一个，为了纪念自己的出身，就在他驻地的大门上方，树起了一个带有狼头的旗帜。他后来建立了政权，于是狼牙旗便成了这个政权的标志。世上其他民族也有各自的传说，斯拉夫族的两个大力士瓦利果拉和维尔维杜布，分别是母狼和母熊的

18

乳汁养大的。波斯民族则认为波斯帝国的创始人基拉，是狼狗养大的。土耳其传奇式的奠基人布尔塔契诺，古日尔曼英雄沃尔弗季特里哈，也被认为是母狼养大的。

以上这些"狼孩"，它们不是自然界中的狼孩，而是意识形态中的狼孩，即"图腾狼孩"。因为，狼被这些民族视为自己民族的"始祖"。那么，在图腾观念盛行之时，荣耀在于狼所生。在图腾观念淡薄或刚刚消失之际，则在于狼所抚养。这样，与之相适应的就是他们之中的建国者、民族英雄、或者壮士等等，当然绝不是无能之辈，而是勇敢坚韧、力大无比之人。而其力量和智慧的源   泉，当然不是别的，而是狼所赋予的。

自然界狼孩的发现，有文献记载的，要晚于意识形态中的狼孩。从现代动植物分类学奠基人、著名学者卡尔·林纳第一次记录开始，到现在，已发现了20例狼孩，其中大部分在印度。它们一般都是婴儿时被狼叼去抚养长大的，年龄在2～10岁之间。等到他们回到人类社会以后，不能说话，不能直立行走，也不会哭和笑，但却会像野兽一样，龇牙和凶狠地嚎叫。这些狼孩都被送到孤儿院和医院去教

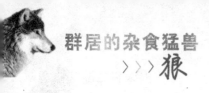

养，效果不佳。他们往往要若干年后才能勉强学会直立，用手吃食和听懂某些语言，没有一个孩子能长大成年。

　　自然界中狼孩的发现与研究的结果表明，神话传说中那种既有人的智慧，又有野兽本领的狼孩，纯粹是图腾心理的产物，实际并不存在。当然，自然界中狼孩的存在，也说明神话、传说中的狼孩的出现不是凭空想象，而是有所依据的。

狼的物种特性

狼起源于新大陆，距今约500万年。在人类兴盛以前，狼曾是世界上分布最广的野生动物。广泛分布于欧、亚、美洲，狼的记录仅北美就已经达到23种，品种之多，不胜枚举。

狼属于犬科动物，机警、多疑，形态与狗很相似，只是眼较斜，口稍宽，尾巴较短且从不卷起并垂在后肢间，耳朵竖立不曲，有尖锐的犬齿，狼的视觉、嗅觉和听觉十分灵敏，狼的毛色有白色、黑色、杂色，具体各不相同。狼体重一般有40多千克，连同40厘米长的尾巴在内，平均身长154厘米，肩高有一米左右，雌狼比公狼的身材小约20%。狼雌雄同居，成群捕猎。狼的最大本领是利用群体的作用，捕杀比它们大的动物。每个狼群中都有一定的等级制，每个成员都很明确自己的身份，因此相互之间，很少有仇恨和打架的行为。相反的，在围捕猎物和共同抚育幼儿方面，它们还表现出一种友爱与合作的精神。从历史资料看来，虽然在欧洲有大量的有关狼侵害牲畜、攻击人类的记录，但在狼群汇集的北美大陆却几乎没有狼攻击人的记录。

　　受狼图腾影响的地区和民族中，也有许多"人假狼威"的现象。如文学家把狼头视为战胜魔力的法宝，中世纪欧洲各个庄园的门上都挂着一个狼头，西西里岛上的居民到了19世纪还在马厩上放一狼爪，马病了就用狼爪挨在马耳朵上除魔。乌兹别克人相信把狼颌骨戴在产妇手上，可以减轻分娩时的痛苦，把晒干辗碎了的狼心喝进肚里，则可以加快分娩的速度，婴儿出生后立即用狼皮包起来，可保长命百岁。狼牙、狼爪在不少民族中还可以做护身符，人们外出时，口袋中装些狼牙、狼爪，据说可以永保平安。这与中国对虎身、虎性的利用，完全一样。

*狼的生态特征

狼过着群居生活，一般七匹为一群，每一匹都要为群体的繁荣与发展承担一份责任。狼与狼之间的默契配合成为狼成功的决定性因素。不管做任何事情，它们总能依靠团体的力量去完成。狼的耐心总是令人惊奇，它们可以为一个目标耗费相当长的时间而丝毫不厌烦。敏锐的观察力、专一的目标、默契的配合、好奇心、注意细节以及锲而不舍的耐心使狼总能获得成功。狼的态度很单纯，那就是对成功坚定不移地向往。在狼的生命中，没有什么可以替代锲而不舍的精神，正因为有这种精神才使得狼得以千辛万苦地生存下来。狼群的凝聚力、团队精神和训练成为决定它们生死存亡的重要因素。正因为此，狼群很少真正受到其他动物的威胁。狼驾驭变化的能力使它们成为地球上生命力最顽强的动物之一。

狼的嘴长而窄，长着42颗牙。狼有五种牙齿，门牙、犬齿、前臼齿、裂牙和白齿。其犬牙有四个，

上下各两个，大约1.5英寸长，足以刺破猎物的皮以造成巨大的伤害。裂齿也有四个，是臼齿分化出

来的，这也是食肉类的特点，裂齿用于将肉撕碎。12颗上下各6的门牙则比较小，用于咬住东西。狼群适合长途迁行捕猎，它们的胸部狭窄，背部与腿强健有力，使它们具备很有效率的机动能力。它们能以每小时10千米的速度长时间奔跑，并能以高达近65千米/小时速度追猎冲刺，只是持久性

不够强。

因为产地和基因不同，狼的毛色也各不相同。常见灰、黄两色，还有黑、红、白等色，个别还有紫、蓝等色，胸腹毛色较浅。狼腿细长强壮，善跑。灰狼的体重和体型大小各地区不一样，一般有随纬度的增加而成正比增加的趋势这一说法。一般来说，肩高在26～36英寸，体重32～62千克。最重的狼为1939年在阿拉斯加被打死的一只，当时80千克。最小的狼是阿拉伯狼，雌性的狼有的体重可低至10千克。狼群适合长途迁行捕猎。其强大的背部和腿部，能有效地舒展奔跑。

狼厚重的毛有两层，第一层比较硬，主要用于抵御水与灰尘。第二层则致密与防水。第二层毛在每年的在春末夏初时会脱落，狼会摩擦岩石或树木来促进这层毛的脱落。不论第一层毛是什么颜色，第二层通常是灰色的，狼在春季和秋季时会变换夏季和冬季的毛。母狼冬季的毛在春天的时候比公狼换得晚，北美洲的狼毛通常比欧洲的要柔软而长。狼毛的颜色有很大的变化，从灰色到灰褐色、白、红、褐色和黑色。这些颜色通常混杂在一起，当然单一颜色的狼或狼群也并非稀有，通常是白色。

狼的脚掌可以轻易适应各种类型的地面，特别是雪地。它们的足趾之间有一点蹼，使它们在雪地上行动能比猎物更为方便。狼是趾行性动物，由于它们的脚掌相对较大，体重能很好地分布在积雪上。它们的前脚掌比后脚掌略大，掌上有五个趾，后脚掌没有上趾。掌上的毛和略钝的爪能帮助它们抓住湿滑的地面。特殊的血管能保护狼的脚掌不会在雪地中冻伤，在趾间的腺体分泌会在脚印上留下气味，帮助狼记录自己的行踪，同时也提供线索让其它的狼知道自己的所在。与犬不同，狼脚掌的肉垫上没有汗腺。

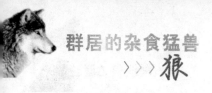

知识百花园

狼图腾崇拜

"图腾"原为印第安人中奥吉卜维语"totem"的译音，意思是"他的亲属""亲属、标记"。它最早出现在约翰·朗格在1971年出版的《印第安旅行记》一书中，清代学者严复于1903年翻译英国甄克斯的《社会通诠》时首次将"totem"译成"图腾"。

上古时候，人们相信捕食动物为生的兽类属于另外一些种族，它们身上存在着令人崇拜的神奇力量，人类毫不怀疑地把自己的部落看做是这种或那种神奇动物种族的属员，把它们奉若自己的祖先加以敬仰，把这种动物作为自己部落的标志——这就是所谓的图腾。

图腾文化是一种非常古老的原始宗教文化形式，每个民族都有自己的图腾文化，是原始文化中的普遍现象。图腾崇拜是指对图腾神物的崇拜。图腾崇拜是多种多样的，包括一切生物，动物、植物、微生物、自然现象等。

我们的祖先在长期发展过程中与动物产生了各种各样的关系，如捕杀和被捕杀，相利用的共生关系。在与野生动物的生存斗争中的软弱无力而产生对动物的崇拜。人类最早的图腾很可能是哺乳动物，因为哺乳动物的形象、行为和人类很相近，很容易被人认为是同类。氏族成员在其活动中，感觉与图腾动物同为一体，认为本氏族

与它有血缘关系，因而把这些图腾作为本氏族的祖先，保护神的徽号。对图腾极大的尊重和膜拜，给予有意识的保护，这就是图腾崇拜。图腾崇拜是原始自然保护的一种形式，他对于保护动物、植物，防止其灭绝，发挥着极为重要的作用。

狼图腾文化是古代北方草原游牧民族地区众多氏族部落或联盟共有的、草原民族的不定的游牧方式，这些先民对威胁他们生存的狼群感到深深的恐惧。可狼的集体协作、坚韧不拔，又使得先民对狼群产生敬畏和崇拜，从而创造了狼图腾的神话。

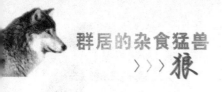

*狼的生活习性

狼是群居性极高的物种。一群狼的数量大约在5～12只之间，在冬天寒冷的时候最多可到40只左右，通常由一对优势对偶领导。狼群有领域性，且通常也都是其活动范围，群内个体数量若增加，领域会迁移出去（大都为雄狼）。还有一些情况下会出现迁徙狼，以百来头为一群，有来自不同家庭等级的各类狼，各个小团体原狼首领会成为头狼。野生的狼一般可以活12～16年，人工饲养的狼有的可

范围会缩小。群之间的领域范围不重叠，会以嚎声向其他群宣告范围。狼通常群体捕杀大型猎物。幼狼成长后，会留在群内照顾弟妹，也可能继承群内优势地位，有的则以活到20年左右。狼的奔跑速度极快，可达55千米/小时左右，但持久性较差。智能颇高，可以气味、叫声沟通。

狼是典型的食肉动物，各种动

物都是狼的食物，自然界被吃的食物有几十种，狼主要以大型有蹄兽类、鹿科、牛科动物为食，马鹿、驼鹿、狍、野猪构成食物的主要成分，草原地区狼以黄羊、普氏原羚为主，在野生动物匮乏时，狼开始袭击家畜，羊、牛、马、驼鹿靠近农区，猪是主要受害者。狼的食物时空变化很大，不同地区狼的食物也不同。内蒙古呼伦贝尔草原上的狼，黄羊多的年份，黄羊是狼的主要食物，黄羊少的年份，食物转变为家畜。羊是受危害最大的一种，其次是马、牛。在青海草原，狼捕食普氏原羚。各地区狼的食物不同，生活在农区的狼一般以家畜、家禽为主要食物。黑龙江、吉林、辽宁等省人类的

# 群居的杂食猛兽
>>> 狼

成为狼的主要食物，有时也捕捉家畜，如鸡、鸭等。北美地区、加拿大林区，狼以驼鹿为主要食物。而更北地区的狼则以北美驯鹿为食。在俄罗斯，狼主要生活在林区和荒原一带，鹿科动物就成为狼的主要食物，狼的食物研究表现狼吃多达40多种动物。除上述提到的大型动物外，还吃些小动

活动较少，特别是黑龙江省，到处是荒原，狼群出没在很多地方，食物比较丰富，但他们很少到居民点附近活动，解放后，随着社会发展，人口急剧增长，野生食物逐渐减少，狼开始到村屯附近危害猪，猪

物，包括兔、老鼠、狐狸等。在狼的粪便中偶尔也会发现几种昆虫，这可能是捕捉其他动物一同随其他食物而吃入胃内的，狼在特殊情况下也吃植物性食物。

狼有一个特性：养小不养老，在这点上其与狮子等动物有着非常大的不同。所谓的养小不养老就是，狼父母只将幼狼

养育至（约1岁左右）能够狩猎，随后就会毫不留情的将其赶出家门，但其只会赶走后代中的雄性，多数雌性后代还会留在狼父母身边一段时间，学

习养育后代的技能。不养老即是指当雄性狼因各种原因无力担当保护家庭的责任时，其就会被外来的强健成年雄性取而代之，原家庭中的雄性狼不是战死就是逃离。雌性头狼也同样面临着这一问题，当外来的雄性统治此家庭后，还会杀死甚至吃掉未成年的幼狼。离开家庭或者群体的狼是不会被其它狼群所接纳（年青的雌性狼除外）的，因此它们就成为了孤狼，而孤狼成活的机率非常低，所以它们所面对着的大多只有死亡。

知识百花园

狼与狗的血缘关系

狗是人类日常生活中常出现的动物，而事实上狗是被驯化了的狼的后代。狗的祖先是东亚的狼。瑞典科学家在分析全球逾500种狗的毛发样本后，发现所有狗几乎都有着相同的基因库，而其中东亚狗的基因变异较多，因此他们得出结论，世界上所有的家狗都是在大约1.5万年前，从东亚狼进化而来的。这些狗的祖先和美洲最早的定居者通过白令海峡，一起穿越亚洲和欧洲到达美洲的。

遗传学研究显示，狗和狼十分近似，“就算是最容易产生变化的线粒体DNA标记，也就是遗传自母亲的DNA，狗和狼的差异也不会超过1%。”加利福尼亚大学洛杉矶分校的遗传学家罗伯特·韦恩说。

而美国和拉丁美洲的研究者则发现，在欧洲的定居者15世纪来到美

洲之前，具有和东亚狼近似基因的狗已经在美洲出现了。这表明，首批于1.2至1.4万年前通过白令海峡到达美洲的定居者当时是携带着驯服的狗来到美洲的。

美国俄普萨拉大学的研究员卡尔斯·维拉称，狗的存在可以解释，为何美洲大陆的定居者散布的速度相对较快。

这两项研究在狗是何时被从狼驯化而来这个问题上出现了分歧，起初在德国发现的狗的下颌骨大约有1.4万年的历史，可瑞典和中国科学家的研究小组认为，DNA分析和考古发现共同显示，狗被驯化的时间是在1.5万年前。

*狼的生殖特点

狼成群生活，雌雄性分为不同等级，占统治地位的雄狼和雌狼可以随心所欲进行繁殖，处于低下地位的个体则不能自由选择。雌狼产子于地下洞穴中，雌狼经过63天的怀孕期，生下3到9只小狼，也有生12～13只的。没有自卫能力的小狼，要在洞穴里过一段日子，公狼负责猎取食物。小狼吃奶时期大约有五、六个月之久，但是一个半月也可以吃些碎肉。三、四个月大的小狼就可以跟随父母一道去猎食。半年后，小狼就学会自己找食物吃了。狼的寿命大约是12～14年。在群体中成长的小狼，非但父母呵护备至，而

且族群的其他分子也会对其爱护有加。狼和非洲土狼会将杀死的猎物撕咬成碎片，吃入腹内，待回到小狼身边时，再吐出食物反哺。赤狼有时也会在族群中造一个育儿所，将小狼集中养育，由母赤狼轮流抚育小狼，毫无怨尤。

群居的杂食猛兽
>>> 狼

*狼的传宗接代

一提到狼，大家的第一反应是狼是个残忍的动物。然而，这种在童话中坏透顶的家伙确实有个温和的家庭。公狼是典型的男保姆，母狼是胆大心细的家庭主宰者。在大家庭里，除了管事的雌狼双亲之外，还有幼崽，一家子其乐融融。

狼群的婚姻戒律十分苛刻，只有狼王和王后才具有交配权，其余成员不管是雌是雄，不管是否成年，都没有交配的权利。公狼与母狼结成配偶以后，它们会建立一个温暖舒适的家。公狼的家庭意识十分强烈，它时常留意周围的敌情，当发现有险情的时候，它会及时通知自己的妻子。当母狼怀孕时，它出去得更为殷勤，想办法带回各种母狼爱吃的食物，并悉心地加以照

料。幼崽出生了，公狼更感到自己肩头的责任重大，它更频繁地出门捕食。

在大规模的跋涉过程中，公狼总会花很多时间和精力在它的幼崽身上，它无微不至地照顾后代，简直是一个模范父亲。这种行为也正体现了它们的本能。幼崽享受着温馨的照顾，它们是被寄予希望的一代。当公狼捕食回来的时候开始反刍，小狼崽就会把嘴凑到父亲的嘴边，细细地咀嚼起那些已经被公狼反刍过一遍的美味佳肴。

狼群总是能很好地控制着整个狼群的数量。如果发现其他成员一旦有任何恋爱活动或者交配活动，就立刻对它们施以严厉的惩罚。狼群这样做，是为了控制种群的发展，如果任其生育，狼群的食物有限，对它们本身而言就是一种灾难。狼群爱护后代的最好办法就是少生，让少数的子女尽多地享受生存权。当食物匮乏时，狼群也是丝毫不讲情面的，它们会发生激烈的边界争斗。在由一对成年狼和它们的兄弟姐妹以及后代组成的狼群里，虽然等级非常森严，但是在共同捕食、共同哺育幼儿这一点上，

群居的杂食猛兽
>>>狼

它们是没有任何等级之分的，每个人的义务都是一样的。

狼崽通常会在父母身边待四年。不过小狼一旦长大，其中的两只成狼结合时，马上就会形成另一个狼群。所以狼群中的每个成员之间，必定有着或亲或疏、或近或远、千丝万缕的血缘关系。逐渐适应被驱逐后的独立生活的公狼不会再回到它原先的狼穴，这是狼群的等级制度中不成文的规定。一只狼一旦被逐，就意味着它应该开始追求自己的生活。占领地盘、娶妻生子，最后形成一个跟它之前生活的狼群一样的等级森严的狼群。

据动物专家称，狼群组织有如人类家庭一样，是按一定的法则组成的。狼群中有父亲、母亲和不同年龄的孩子，可能还有祖父母生活

在一起，一、二岁的狼仔也包括在这个群体之内。显然，这和世界各国大家庭的组成相似。狼群在一起生活、觅食、互相照顾，用许多方式来表达对彼此的关心。狼啸就是狼群互相声援的表现。狼群之间的关系，甚至比许多人们的家庭还要亲密，这是不容置疑的。狼群中父母的责任和人类社会一样是很明确的，这里暂称为父辈狼，它们是家庭——狼群的主宰和中心，控制和担负一切事务。公狼被认为是好父亲的模范，这也许是母狼领导地位的震慑作用。如果一只母狼遭遇不测，与母狼一同走过风风雨雨感情历程的公狼仍是不改初衷，它也许会舍身相救，也许会很长时间保持伤感。

当幼狼长大成熟并配偶后，即建立独立的生活。如果配偶之一意外死亡，活着的狼将另觅配偶。狼群总是由双亲和孩子们组成。个别

情况下，狼群父辈也可能暂时只有一只公狼，或是一只母狼，这就类似人类社会的单亲家庭。但是否由于感情不合而离异，这点动物专家尚未考察清楚。

狼群也有自己的领地，它们在领地的范围内活动生育和觅食。狼群也要在领地周围做出标记，只是它们不会写出告示，作出文字说明。它们用自己的方式，翘起右腿，在树干、石头或其它可能的任意界限物上撒

尿，尿的气味就是狼群占有的信息。狼嗅到这种由其它狼群发出的信息后，就会主动自觉地离开这块领地，就象人们不会非法闯入私人住宅一样。

狼在生产以后，也要在巢穴内呆上几个星期，陪伴和哺育狼仔。母狼不允许公狼接近狼仔，这是和人类不同的。母狼要独立哺育幼仔，一旦公狼靠近，她就会呲牙咧嘴地威胁公狼离开，以表现它对狼仔深沉的母

40

爱。公狼只是将觅得的食物放在洞口，以备母狼食用。母狼短时离开巢穴是为了饮水和上卫生间。就像母亲经常为婴儿换尿布和洗澡一样，母狼也经常用舌头舔狼仔的全身，为狼仔擦洗身上的脏物。直到狼仔生下来五六周以后，这些狼仔才第一次摇着尾巴从洞穴内走出来，参加到狼群的活动中去。这时，成年狼会对狼仔发出轻微的叫声以表示欢迎。

狼群的父辈和成年狼都为幼狼觅食，狼仔匆忙从成年狼的嘴中接受食物，这些经过消化的肉糜，对于狼仔的发育是特别有好处的，更容易消化，能帮助狼仔更快地成长。

狼群也和人类一样享受着天伦之乐。当它们吃饱喝足以后，也会聚在一起娱乐、休息。狼仔也是顽皮嬉戏的度过无忧无虑的童年的。整个狼群的成员在休息时，会围绕狼仔活动，这点和人类以娱幼儿没有什么两样。

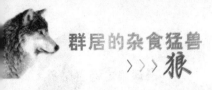

*狼的行为模式和身体语言

一般占优势主导地位的狼会身挺高腿直，神态坚定，耳朵是直立向前。往往尾部纵向卷曲朝背部。这种身体语言表示的是级别高、主导地位的狼，盯着一个唯唯诺诺、地位低下的狼。

活跃、玩耍时，狼会全身伏低，嘴唇和耳朵向两边拉开，有时会主动舔或快速伸出舌头；愤怒的狼的耳朵会竖立，背毛也会竖。唇可卷起或后翻，门牙露出，有时也会弓背或咆哮；恐惧、害怕时狼会试图把它的身子显得较小，从而不那么显眼，或拱背防守，尾收回；狼在蹲下或扬身低头并放松皮毛时，是发起攻击的信号；愉悦时可能摇摆尾巴，舌头也可能伸出口；捕猎时的狼，因狩猎的紧张，因此尾部会横直；狼可以任意妄为的转圈跳跃，或低头，把前面的身体伏倒在地上，而抬高后股。这类似于家犬的嬉戏行为。

濒危中的狼

狼在某些国家种群数量少，已被列为濒危物种。但是在很多国家未被列入保护动物。在一些国家，包括我国狼分布区由于生境破坏而缩小。长期以来，人们把狼作为害兽大量捕杀，并为鼓励捕杀害兽而给予奖励。加上由于人口迅速增长，人类活动范围增大，使其栖息的活动范围不断缩小，另外受狂犬病、细小病毒和犬瘟热等流行病感染，近几十年中，狼的数量显然越来越小，许多过去狼的分布区已不见其踪迹。

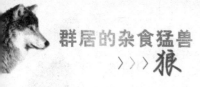
*现有的保护措施

国际上目前将墨西哥的狼列为野外绝灭，将葡萄牙和西班牙的狼列为低危，将意大利的狼列为易危。可见对狼的保护的重视。受长期以来观念的影响，我国目前现行法律没有对狼加以保护。相反，一般仍然认为狼是应予消灭的害兽。

*对保护措施的建议

开展科学研究，应对狼的种群数量、亚种分化进行全面调查，查清狼的分布和种群数量现状，对其益害进行科学评估，从而制定一系列保护和控制措施；加强法制管理，应考虑禁止任意捕杀狼。在确有狼群危害严重的地区，采取必要措施对狼的种群数量加以控制，也必须在专家评估的基础上，有领导、有组织地进行；加强国际合作，特别加强与我国毗邻的独联体、蒙古、印度、阿富汗、巴基斯坦等国的协作。

狼牙山

　　狼牙山位于保定西北50千米的易县境内。因其群峰状似狼牙,直刺云天,故名狼牙山,为易州十景之一"狼牙竞秀",是省级爱国主义教育基地和省级森林公园。狼牙山由5坨、36峰组成,主峰莲花瓣海拔1105米,西、北两面峭壁千仞,东、南两面略为低缓,各有一条羊肠小道通往主峰。登高远眺,可见千峰万岭如大海中的波涛,起伏跌宕。近望西侧,石林耸立,自然天成,大小莲花峰如出水芙蓉,傲然怒放,铜峡云雾缥缈,神奇莫测。狼牙山风光绮丽,漫山遍布苍松翠柏、飞瀑流泉,拥有丰富的动物和植物资源,动物有黄羊、乌鸦、锦鸡等,植物有松、柏、桦、枫等北方树种二三百种之多,涉足游览,可尽享森林浴之妙。秋季金风送爽时,坡岗沟壑之间,红叶吐艳、层林尽染,放眼望去,漫山猩红,可与香山红叶相媲美。

　　在狼牙山众多的景观中,位于半山腰的红玛瑙溶洞,是我国首次发现的红玛瑙质构成的自然景观,形成距今已有16亿多年的历史。通高90米,宽50米,共设6个景厅,有仙女下凡、八仙贺寿、塔林夜月等40多个景观。进得洞来,拾级攀援而上,既能观赏惊险奇绝的景色,又可当作登狼牙山的必经通道。

　　在通往主峰棋盘坨顶峰的一处悬崖旁,有一块天然形成的酷似棋盘的岩石，约三尺见方，石面纹理纵横。传说孙膑与其师傅鬼谷子常在此布棋为乐，棋盘坨因此而得名。后来，又在于此不远处的另一块平面岩石上用利錾人工造成一幅棋盘，供游人对弈。现在两块石棋盘边上各生有虬结苍劲的古柏一棵，如二人在此对弈。一侧为悬崖峭壁，一侧为古树虬枝，身畔云雾缭绕，置身于此，如临仙境。

褡裢陀山势极为陡峭，但半山腰却有一块平地，过去建有庙宇，即老君堂。老君堂依洞而建，半是人工，半是天然，原有庙宇惜已毁于"文革"动乱。殿后有名为"仙人洞"的天然溶洞，洞深约10余米，宽约5米，洞内有一泉水常年不断，泉水清凉甘冽，传说太上老君曾于此修行。蚕姑坨，又名姑姑坨，是狼牙山五坨之最，山势险要，风景优美，山上有庙，胜景颇多。据史书记载，此处为燕昭王当年求仙之处。

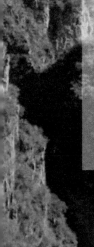

在蚕姑坨半山腰，有一座灵峰院，俗称尼姑圣母院。原有佛殿20余间，现尼姑圣母殿仍保存完好。据碑文记载，灵峰院历史悠久，为五代时所建，此后历代都曾对它进行过修葺，是一座"千年古刹"。三教堂因供奉"儒、道、佛"三教之祖孔子、老子、如来佛于一堂，形成全国独一无二的"三教文化"，为其增加了原厚的文化底蕴。如今，灵峰院已辟为狼牙山6大旅游景点之一，每天游人如织，蚕姑殿内烟火缭绕。

第二章

狼的种类及分布

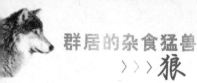

　　狼是食肉目中分布最为广泛的，即使在所有哺乳动物中，其分布范围也仅仅小于人和其它少数几种啮齿类动物。在北半球的大部分地区，包括草原、苔原、针叶林和落叶林、沼泽和沙漠中，都有它们的身影。但当前狼的分布区已大大缩小，美国除北部几个州的大部分地区已经没有了狼的踪迹，亚洲的大部分地区同样如此，欧洲的情况最糟，除了西班牙、意大利、波兰、希腊和土耳其还有少量的狼群外，其他地区的几乎都已经灭绝了。

　　本章我们就来谈一下狼的种类及分布情况。

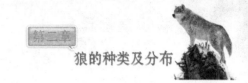

狼的种类

因为分布地形的广泛，千万年来狼已经形成了各种不同的样貌以便更好的适应环境。下面就介绍一下世界上主要的狼种：

*灰　狼

灰狼是犬科哺乳动物中很出名的品种，它是犬科动物中体形最大的野生动物，现在仍然出没在北半球的广大区域。灰狼体格强健，北方的雄灰狼身长可以达到2米，包括50厘米长的尾巴。重量有20～80千克。雌性受北美印第安人的尊敬。灰狼对控制食草动物的数量，维护生态平衡有一定的贡献。可惜它们也攻击家畜，因此引起人类的仇视和猎杀。

灰狼是凶猛的食肉动物，凶悍残忍。但通常2～15只结伴为伍，

才能够统治野生世界。灰狼偶尔也会单独觅食，一旦发现了猎物，就会扯开嗓子嚎叫不止，召唤其他的同伴，以便群起而攻之。灰狼主要在晚上出来猎取食物，一般的食物是大食草动物，如各种鹿、野猪。北美灰狼主要的捕食对象有马鹿和驯鹿，北欧灰狼甚至捕食庞大的驼鹿，一些强大的狼群甚至袭击牦牛和美洲野牛。单个灰狼通常捕捉野兔和老鼠。

每年1～4月是灰狼的繁殖期。妊娠期是63天，一胎可产6～7只。生下以后受到群体成员的共同照顾，吃父母打猎回来的反刍食物。等到性成熟以后（不到两年），它们就得离开，出去寻找自己的伴侣，建立自己的领地。低海拔的狼1月交配，高海拔则在4月交配。小狼两周后睁眼，五周后断奶，八周后被带到狼群聚集处。狼成群生活，雌雄性分为不同等级，占统治地位的雄狼和雌狼可随心所欲进行繁殖，处于低下地位的个体则不能自由选择。雌狼产子于地下洞穴

中，雌狼经过63天的怀孕期，生下3只到9只小狼，也有生十几只的。没有自卫能力的小狼，要在洞穴里过一段日子，公狼负责猎取食物。小狼吃奶时期大约有五、六个月之久，但是一个半月也可以吃些碎肉。三、四个月大的小狼就可以跟随父母一道去猎食。半年后，小狼就学会自己找食物吃了。狼的寿命大约是12～14年。在群体中成长的小狼，非但父母呵护备至，而且族群的其他份子也会对其爱护有加。狼和非洲土狼会将杀死的猎物，撕

咬成碎片，吃下腹内，待回到小狼身边时，再吐出食物反哺。赤狼有时也会在族群中造一育儿所，将小狼集中养育，由母赤狼轮流抚育小狼，毫无怨尤。

除了人类以外，灰狼可以说是在地球上分布最广的哺乳动物了。它原先的栖息地包括从阿拉斯加和加拿大到墨西哥的整个北美洲、整个欧洲、亚洲到地中海、阿拉伯半岛，以及印度和我国的部分地区。除了热带森林和干燥的沙漠以外，在各种生态环境中都可以找到它们

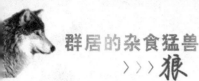

# 群居的杂食猛兽
>>> 狼

的足迹。但由于种种原因，灰狼已经从许多原先的栖息地消失，数量也大为减少。在北美，主要存在于阿拉斯加和加拿大。在欧洲是俄罗斯及其领近国家，巴尔干半岛也有一些。欧洲中南部和斯堪的纳维亚的数量则少得多。

* 郊　狼

郊狼也叫草原狼、北美小狼，是犬科犬属的一种。郊狼是美洲分布最广泛的一种犬科动物，它的足迹南起巴拿马南端，北到美国和加拿大，包括阿拉斯加和加拿大最北部的一些省份。

郊狼一般单独猎食，偶尔也会组成小型的群体。平均寿命为6～10年。郊狼的英文词"coyote"借自墨西哥西班牙语，最初来自当地的阿兹台克部族。

郊狼毛色多样，但是大体上来说是褐色和灰色混合的色调，背部毛色深有时呈黑色，喉头和腹部颜色浅。成年郊狼体重7～20千克，身长75～100厘米，尾巴是身长的一半。尾巴根有臭腺。头部和身体的比例显得比狐狸小，有着竖直的耳朵和下垂的尾巴，这与家犬明显不同。郊狼的眼睛虹膜是黄色的。

雄性平均大于雌性。

郊狼一般在1月下旬到3月下旬交配，孕期平均63天，一胎产4到6仔，4月末或5月初出生。新生儿大约250克，又弱小又盲目。10天大

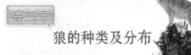

时睁开眼睛，体重增加到600克，开始有了郊狼的外型。公郊狼和母郊狼都负责抚养幼仔。三周大的幼仔就能够离开父母的照看，21～28天大时，它们开始走出洞穴，35天断奶就能跟随父母到处漫游，8到12周时开始学习捕猎。到了秋天，郊狼幼仔便开始出外寻找自己的领地。雄性小郊狼在6～9月大时离开母亲，而雌性通常会留下来和母亲组成家庭群落。12个月左右完全长大并达到性成熟。有时候郊狼会和狼、家犬杂交。郊狼的声音很容易听到，但想要目击一头郊狼却没那么容易。一般在黄昏或夜晚可以听到郊狼的叫声，在春天发情季节和秋天幼仔离开父母这两个时段中最容易听到。

郊狼适应能力极强，森林、沼泽、草原，甚至牧场和种植园都能看到它们的身影。由于郊狼并不很畏惧人类，所以城镇的郊区也不时有郊狼出没。但是郊狼和狼不能共享同一片土地。

郊狼具有典型的善于捕捉机会的特点。当美国大陆的狼群被大批

# 群居的杂食猛兽
>>> 狼

捕杀的时候，郊狼从大平原向北向东迁移。现在，从地势高的阿拉斯加，从太平洋海岸到加拿大中部和美国新英格兰都有郊狼。黑背胡狼、金背胡狼、侧纹胡狼、埃塞俄比亚胡狼生活在整个非洲。从缅甸到巴尔干都分布有金背胡狼。郊狼、胡狼和狼都能与家犬交配，因此它们能相互杂交。

郊狼的行为与其生活的环境十分相关，差别非常大。通常郊狼以群体生活，但却单独捕猎，主要以啮齿类动物、腐肉、昆虫为食，有时也捕杀羊和鱼。在郊狼与鹿共生的环境中，成年郊狼每年常会捕捉一只鹿仔。郊狼的食性比较杂，除了吃肉类外，有时也会吃水果、草、蔬菜等。郊狼的天敌是狼、熊和美洲狮。但郊狼也会袭击比它更小的犬科动物，比如狐甚至狗。

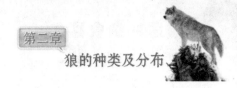

*红 狼

红狼，体形比灰狼小，显得更加瘦，腿和耳朵比较长，毛却更短。皮毛呈茶色、微红色或黑色。身长约105～125厘米，包括33～34厘米长的尾巴。体重约14～37千克。尾巴长300～420毫米，肩高660～790毫米。雄性大于雌性。毛色很漂亮，是肉桂红和灰黑色相间，冬季红色更明显，每年夏天蜕毛。野生红狼平均寿命4年，饲养的最高记录是14年。主要捕食啮齿目小型哺乳动物，也吃白尾鹿、兔子、西猯、马鹿和昆虫。

红狼是一种社会性的动物，每个群落都有固定领土。领土范围有气味标记。一个群落之内只有一对繁殖的红狼。其它群落成员帮助首领共同抚养小狼。在1～3月交配，怀孕期60～63天，每胎3～6崽，不过也有12崽的记录。

红狼分布在美国东南部许多州，但是历史上曾经减少到只能在得克萨斯的东南角和路易丝安那的西南部才能发现它们的踪影。现在的红狼主要生活在人烟稀少的、受到严密保护的国际公园和多山地区。红狼属十分珍贵的濒危动物，

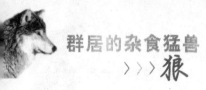

群居的杂食猛兽
>>> 狼

20世纪80年代，许多人都认为野生的红狼已经绝种。后来经过多方努力，才在美国卡罗利纳等地区建立起野生红狼的保护区。据统计，到1998年，世界上共有135只红狼，其中115只在人的监护下饲养，野生红狼只有20只。

有种观点认为红狼是郊狼和狼杂交后的品种，不是自然生成的物种。关于这一点，生物学上的争论还在继续。据估计，为了保存红狼，使之免

于绝种，需要建立起总面积不少于100万亩的野生动物保护区。当务之急，就是要使野生红狼的数量增加到220只，圈养的数量增加到330只，才能把这个物种保存下来。

*白 狼

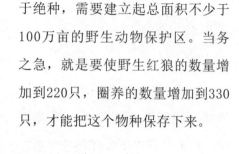

白狼全身都是白色的，只有头和脚呈浅象牙色。白狼是狼中体型较大的一种，身长近2米，重70公斤，有巨大的头和细而柔美的身体。

白狼晚上觅食，一次可远行200千米。春天和夏天常常在岩石的裂缝下挖洞来生仔。白狼和北半球的狼一样成群结队，公狼和母狼成双成队。他们常常多个家族在一起生活。白狼生活在加拿大土著人贝尔托克的领地内。英国政府曾悬赏贝尔托克的人头，到了1800年，贝尔托克族终于被消灭了。英国人下一个目标是白狼，因

为白狼总是袭击他们的家畜。1842年，英国政府又悬赏打狼。随着移民的不断涌入，白狼被追赶得走投无路，再加上白狼分布范围广，与人的冲突是无法避免的，这样人们更加憎恨白狼，一只只白狼被枪杀，人们还用投毒的方式一次害死了上百只白狼。人们在鹿的尸体中注入马荀子莛，放在白狼可能经过的地方，这样无论是公狼母狼还是狼仔都无法逃脱厄运。这种投毒方式不仅害死了白狼，别的野生动物往往也不能幸免于难。

"白狼古国"

在远古时期，康藏高原上生活着"白"姓的氏族部落，有些也叫"白郎"，在许多汉文史料中叫"白狼"。据说它是羌族的一支，又叫"白狼羌"。羌这一词在藏文史料里取音羌。从白玉流传的大量史料及文献、口碑中也有许多有关羌这一民族的记述。"羌有

羌阿当、用当、沙当、结当四部分"，阿当的意思是再一个羌，用当的意思是又一个羌，沙当的意思是地区的羌，结当的意思是继续的羌。"从地理位置看，羌阿当生活在新龙、理塘、白玉及昌都部分地区，羌用当生活在巴塘、得荣、芒康一带，沙当和结当生活在云南的中甸、丽江一带。"白玉县盖玉区沙巴乡正处于羌阿当的中

心，当时曾经建立过一个强大的羌族部落，沙马乡出土的瓦砾证明其当时的繁华。沙马乡扎马寺后山夏格布拉宫殿遗址证明其强大。据老年人回忆"在五十多年前到昌台安章寺 听安章甲色日布青讲大园满时，当讲到人生无常时 就说："连强盛已极，富丽如天 官的夏格布拉宫殿也已经 成为一堆废墟"。所 以，夏格布拉宫殿是 存在的。我们曾经到那 儿考察，沿途山谷内都有 羌族养猪、养羊的遗址。这些遗址依山 傍水，多是石垒成的碉楼，老人们都能喊出当地地名。但这些地名与藏语不同，说是羌语。官殿遗址上的马路宽处有5米余，在马路上已长起了许多松树，看松的成长年龄据老年人说也已几千年了。这原始的大森林中的遗址、马路、瓦砾、地名、大片大片的碉楼残迹给人们留下神秘的羌阿当的传奇。

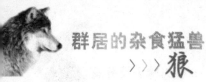
*袋 狼

　　袋狼是一种难以形容的奇妙动物，体形似狗，头似狼，肩高600毫米，体长100～130厘米，尾长50～65厘米。毛色土灰或黄棕色，背部生有14～18条黑色带状斑。毛发短密并十分坚硬。口裂很长。前足5趾，后足4趾。腹部有向后开口的育儿袋，袋内有2对乳头。尾巴细而长。曾广泛分布于澳洲大陆及附近岛屿上。欧洲移民定居澳洲后，随着人类活动的干预，野生种群已经灭绝。袋狼生活在树林较为稀疏的地方或是草原上，夜间外出捕食，白天栖身于石砾中。多单独或以家族形式捕食袋鼠类、小型兽类和鸟类。因其口裂很大，捕食动物时常将猎物的头骨咬碎。夏季交配，每胎产3～4仔。幼仔在母兽育儿袋里哺育3个月后可独自活动，但仍呆在母兽身边约9个月之久。

　　这种动物有着其他种类动物的特征，却又有着特别的地方。袋狼因其身上斑纹似虎，又名塔斯马尼亚虎、斑马狼，还有塔斯马尼亚虎等。祖先可能广泛分布于新几内亚热带雨林、澳大利亚草原等地。它可以像鬣狗一样用四条腿奔跑。也可以像小袋鼠那样用后腿跳跃行走，它和袋鼠一样同是有袋类动物，母体有育儿袋，产不成熟的幼仔，并且为夜行性。夜晚，它们单独行动，经常是以袋鼠、小袋鼠、或是不会飞的鸟类为猎取目标。它跑的速度并不快，但是会紧追不舍，直到猎物疲惫不堪为止。它们往往是一口咬住猎物的头使猎物结束生命。

5000年前，澳洲野犬随人类进入澳大利亚，与食性相同的袋狼发生争斗，袋狼随后从新几内亚和澳大利亚草原渐渐消失，仅在大洋洲的塔斯马尼亚岛上还有生存。但自1770年英国探险家科克到澳大利亚探险以来，移民们把袋狼当作敌人，认为其为"杀羊魔"，并且在政府的奖赏制度鼓励下进行大肆屠杀，使其近乎绝迹。

当政府欲停止袋狼绝种趋势时，情况已无法挽救。1933年，有人捕获一只袋狼，命名为班哲明，饲养在霍巴特动物园，1936年死亡，此后再没有活袋狼存在的消息。

1999年，澳洲博物馆馆长麦克阿契在雪梨博物馆发现一个自1866年被保存在酒精中的小袋狼标本，麦克阿契便着手研究从中抽取DNA使袋狼复活的可能性。2000年5月13日又在其他博物馆发现6个类似的标本，使得相关的基因库更为完整。麦克阿契表示，袋狼将在50年内通过基因复制科技重现于世。

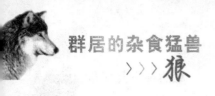
*土 狼

土狼，分布于非洲撒哈拉沙漠以南的较开阔地区，南至南非联邦、除热带雨林地区。个头不大，形态猥琐，面貌丑陋。外形与鬣狗颇相似，身长950～1600毫米，尾长250～360毫米，重40～86千克，雌性个体明显大于雄性。毛色土黄或棕黄色，带有褐色斑块，短、无鬃毛，上额犬齿不发达，但下颌强大，能将9千克重的猎物拖走100米左右。肩部高而臀部低，从头后到臀部的背中线具有长鬣毛，全身棕色。

土狼成群活动，每群约80只左右，雄性个体在群体中占优势。性凶猛，可以捕食斑马、角马和斑羚等大中型草食动物。进食和消化能力极强，一次能连皮带骨吞食15千克的猎物。善奔跑，时速可达40～50千米，最高时速为60千米。全年都能繁殖，但雨季为产仔高峰期。妊娠期110天，每胎产2仔。雄

性2岁、雌性3岁性成熟。是目前数量最多的捕食动物，在维持被捕食动物种群数量方面具有重要作用。

土狼门齿和犬齿与食肉兽相似，但前臼齿小而尖，只有2枚，臼齿只有1枚而又退化，显然已不适于强力咀嚼肉类。他基本靠吃腐肉为主，靠抢其他略食动物的猎物。但他们也可以象其他犬科动物那样群体的捕食活的猎物，依靠的是犬科动物的共同的优点、耐力、群体的配合，还有强劲

的下颌肌肉等。土狼居住于荒地及草原。由于只在夜间活动，所以极难见到踪影。它们的天敌是锦蛇和豹。土狼在用餐后有一个非常良好的习惯，就是将长舌头拼命缩进伸出或卷曲，以清洁牙齿。

许多食肉动物在威胁敌人时都要张开血口展示牙齿，但土狼却闭口不露牙齿，而是将毛竖起，以增大身体。当遇到敌害袭击时，它们会由肛门放出臭液。土狼口的张开角度在猛兽中差不多要算是最小的了，这使它的咬合面积和力量都受到较大限制，爪子适宜刨土，但不大适宜格斗和攀爬。无论从哪个角度比较，土狼都远不是猎豹、狮子的对手，但在草原上，土狼的确能够从它们口中夺食，而且时常以猎豹天敌的身份出现。猎豹速度远比土狼快，但土狼的耐力比猎豹强。

自然法则是优胜劣汰，适者生存。应该说，力量最大的属狮，速度最快的属豹。按人类直线进化的逻辑讲，力量最大，速度最快，能力最强者应占尽先机，显王者气象。但无论猎豹，还是狮子，它们都斗不过土狼。原因是土狼有三大特性：一是敏锐的嗅觉；二是不屈不挠、奋不顾身的进攻精神；三是群体奋斗的意识。

* 胡　狼

胡狼，是我们今天所见到的所有小型宠物犬的共同进化意义上的祖先。胡狼的体形比豺稍小，嘴长

而窄，长着42颗牙，分5种牙齿，门牙、犬齿、前臼齿、裂牙和臼齿。其犬牙有4个，上下各两个，能有1.5英寸（2.8厘米）长，足以刺破猎物的皮以造成巨大的伤害。裂齿也有四个，是臼齿分化出来的，这也是食肉类的特点，裂齿用于将肉撕碎。12颗上下各6的门牙则比较小，用于咬住东西。它们的脚掌较大，肢骨融合，适合长距离奔跑，并可以维持每小时16千米的速度。它们是夜间出没的动物，尤其是在黎明及黄昏时份最为活跃。

亚洲胡狼长70～105厘米，尾巴长25厘米，肩高约38～50厘米。平均重7～15千克，雄狼较雌狼重15%。面上、肛门及生殖部位有臭腺。雌狼有4～8个乳房。上下颚各有3只门齿、1只犬齿及4只前臼齿，上颚有2只臼齿，而下颚则有3只。亚洲胡狼的毛很短及粗糙，一般都是黄色至淡金色，毛端

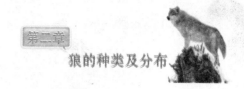

褐色，毛色会随季节及区域而有所不同。例如在坦桑尼亚北部的塞伦盖提，雨季时亚洲胡狼的毛色就是褐灰黄色，旱季时就是淡金色。生活在山区的亚洲胡狼毛色则为灰色。

亚洲胡狼是杂食性的机会主义者，它们的主要食物是一些比较容易寻找和捕捉的小动物，如蜘蛛、甲虫、小鸟等，尤其是待别留神秃鹫的行动，因为秃鹫是当地最著名的食腐动物，哪里有一群秃鹫，哪里就肯定会有一个死尸。虽然胡狼

与秃鹫之间经常火拼，不过秃鹫仍然需要胡狼，因为尽管秃鹫有着尖硬的嘴，但缺少自己撕碎兽皮的力量，所以只有等胡狼扒开死尸外面的那层硬皮，才蜂拥而上，并常常把胡狼挤走。胡狼常利用敏锐的听觉来确认躲在草丛的猎物，它们曾猎杀比它们大4～5倍的有蹄类。在塞伦盖提，它们是瞪羚的天敌。在印度，它们经常会猎杀幼黑羚。虽然亚洲胡狼很多时都是独自行动的，但有时也会以小群（2～5只）一同猎食。在印度的收割季节，它

们会转而吃果实。

胡狼是一夫一妻的，并以家庭为基本的社会单位。它们会保护自己的领域，猛烈的追逐入侵的敌人，在领土以尿液及粪便划界。这个领土的大小足以养大个别的幼狼，直至它们可以建立自己的领土。小量的胡狼有时聚集一起，例如在吃腐肉时，但一般都是一对生活。

胡狼一般冬季交配，雌兽的怀孕期为60天左右，每胎产1～7仔。幼仔很容易受到其他食肉兽类的攻击，但通常在每个窝中，都有一只较大的亚成体看护这些幼仔，有人称之为"帮手"。幼仔们非常高兴和"帮手"呆在一起，而"帮手"也十分忠于职守，并且从中学习找食、哺养幼仔和与其他食肉动物周旋等各方面的经验，直到幼仔长到8个月以上，有的甚至长达2年左右。每增加一只"帮手"，平均便可以增加1.5只幼仔的成活率，而对于"帮手"来说，看护的幼仔实际上都是它的兄弟姐妹，此时所取得的经验，会使它将来照顾自己的孩子时受益无穷。

胡狼主要包括分布于非洲北部、东部，欧洲南部，亚洲

西部、中部和南部等地的亚洲胡狼（又叫豺或金背豺）；分布于非洲东部、西部、中部和南部的侧纹胡狼（又叫纹胁豺）；分布于非洲东部和南部的黑背胡狼（又叫黑背豺），以及分布于非洲埃塞俄比亚西部山地的西门胡狼（又叫西门豺）等。有的书中将胡狼叫做豺，其实它们和豺并非一类，却与狼、犬等亲缘关系接近，同属于犬科动物。它们的生活习性也与豺有所不同，既是食肉动物，也是食腐动物，在婚配方面维持严格的"一夫一妻"制，而且在抚养后代方面，雄兽和雌兽不仅责任均等，而且任

务也相似，如果雌兽出外捕食，雄兽就留在家中照看幼仔。一对胡狼通常占有一块领地，用自己尿液的气味圈划出疆界，常常一生都很少改变。

＊日本狼

日本狼曾经是生活在北半球全域的狼的一种。它肩高35厘米，体长1米，体重25千克左右，尤其是腿很短，仅有大约20厘米。它的吻部长而尖，嘴较为宽阔，眼向上倾斜，四肢细长。它的体毛颜色与其他狼无太大区别，体色为黄灰色，

背部杂以棕色、黑色和白色的毛，身上夹杂着少许褐色斑点。日本狼是世界上体形最小、最为稀有的一种狼，它们曾经居住在本州、四国、九州的山林中。

日本狼喜欢群居，一般每群数只至20只。它们善于奔跑和跳跃，主要以群体方式猎食鹿、野兔等各种食草动物，有时也到溪流中捕食一些鱼类和一些死去动物的腐肉。日本狼喜欢在晨昏集体嚎叫，此时狼的嚎叫声响彻山谷，因此日本狼被日本人称为"吼神"。在西方国家，人们把狼视为袭击家畜的恶魔。但是在日本，它却被人们视为追赶那些遭踏田地的鹿或熊的庄稼守护神。

不过，在日军的贵重家畜或马被日本狼袭击以后，日本的人们开始将其视为凶恶无比的动物。有时，人们怕它，猎杀它；有时又尊敬它，祭拜它。狼成为了日本的自然和文化中的一部分，阿伊努族人即使是使用毒箭射杀它们，也并没有威胁到它们的生存数量。真正迫使它们灭绝的是在明治时期以后，人类为了毛皮而进行了大规模的猎杀，还有步枪的普及。当然，最大的原因还是因为人类为了扩大自己的势力范围而侵犯了狼，致使狼开始袭击家畜，人们便想方设法地对它们进行捕杀，政府甚至以奖金悬赏的方式鼓励市民捕狼。因此，狼被大范围地灭绝的。

*草原狼

草原狼属于犬科动物，机警、多疑，形态与狗很相似，只是眼较斜，口稍宽，尾巴较短且从不卷起并垂在后肢间，耳朵竖立不曲，有尖锐的犬齿，视觉、嗅觉和听觉十分灵敏，毛色有白色、黑色、杂色……具体各不相同，体重一般有40多千克，连同40厘米长的尾巴在内，平均身长154厘米，肩高有一米左右，雌狼比公狼的身材小约20%。草原狼的怀孕期一般为61天左右。低海拔的狼1月交配，高海拔则在4月交配。小狼两周后睁眼，五周后断奶，八周后被带到狼群聚集处。

草原狼根据雌雄性分为不同等级，占统治地位的雄狼和雌狼随心所欲进行繁殖，处于低下地位的个体则不能自由选择。雌狼产子于地下洞穴中，经过六十三天的怀孕期，会生下3只到9只小狼，也有生12、13只的。没有自卫能力的小狼，要在洞穴里过一段日子，公狼负责猎取食物。小狼吃奶时期大约有5、6个月之久，但是一个半月也可以吃些碎肉。3、4个月大的小狼就可以跟随父母一道去猎食。半年后，小狼就学会自己找食物吃了。

狼的寿命大约是12～14年。在群体中成长的小狼，非但父母呵护备至，而且族群的其他份子也会对其爱护有加。

草原狼是群居性极高的物种，主要生活在中亚的沙漠和草原上。一群狼的数量大约在5到12只之间，在冬天寒冷的时候最多可到40只左右，通常由一对优势对偶领导。狼群有领域性，且通常也都是其活动范围，群内个体数量若增加，领域范围会缩小。群之间的领域范围不重叠，会以嚎叫声向其他群宣告范围。草原狼通常群体捕杀大型猎物。幼狼成长后，会留在群内照顾弟妹，也可能继承群内优势地位，有的则会迁移出去（大都为雄狼）再生殖时会使用窝，通常在地面挖洞而成，可长达三四米，入口有大土堆。野生的狼一般可以活12～16年，人工饲养的狼有的可以活到20年左右。草原狼奔跑速度极快，可达55千米左右，但持久性较差。

知识百花园

草原狼对人类的好处

千万年来，草原民族一直认为狼是草原的保护神，狼是草原四大兽害——草原鼠、野兔、旱獭和黄羊的最大天敌。"四害"中尤以鼠和兔危害最烈。鼠兔的繁殖力惊人，一年下几窝，一窝十几只，一窝鼠兔一年吃掉的草，要比一只羊吃的还要多。鼠兔最可恶之处是掏洞刨沙毁坏草场。草原上地广人稀，人力无法控制鼠灾兔灾。兔灾曾毁坏了澳大利亚大半草原。但是，几千年来内蒙古大草原却从未发生过大规模的兔灾，其主要原因就是澳大利亚没有狼，而内蒙古草原有大量狼群。鼠兔是狼的主食之一，在冬季，鼠和旱獭封洞之后，野兔和黄羊就成为狼群的过冬食粮。狼还是草原的清洁工，每当草原大灾(白灾、旱灾、病灾等)过后，牲畜大批死亡，腐尸遍野，臭气熏天，如果不及时埋掉死畜，草原上就会爆发瘟疫。而且千百年来，草原上战争频繁，也会留下大量人马尸体，这也是瘟疫的爆发源。但是据草原老人们说，草原上很少发生瘟疫，因为狼群食量

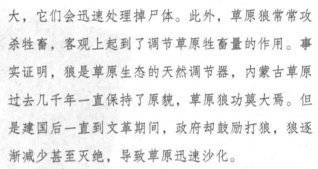

大，它们会迅速处理掉尸体。此外，草原狼常常攻杀牲畜，客观上起到了调节草原牲畜量的作用。事实证明，狼是草原生态的天然调节器，内蒙古草原过去几千年一直保持了原貌，草原狼功莫大焉。但是建国后一直到文革期间，政府却鼓励打狼，狼逐渐减少甚至灭绝，导致草原迅速沙化。

狼有着重要的精神文化价值，其中包括军事学、民族学、民族关系学、历史学和文化人类学等等价值。几千年来狼一直是草原民族的图腾，从古匈奴、鲜卑、突厥，一直到蒙古，都崇拜狼图腾。既然狼被草原民族提升到民族图腾的崇高位置上，狼的精神价值不言而喻。草原民族崇拜狼图腾，不仅是因为他们深刻地认识到狼是草原的保护神，而且还因为他们认识到狼的性格、智慧等方面的价值。草原狼具有强悍进取、团队协作、顽强战斗和勇敢牺牲的习性，深深地影响了草原民族的精神性格；蒙古人卓绝的生存技能和军事才华，更是在同草原狼军团长期不间断的生存战争中锻炼出来的；而且，狼又是草原战马的培训师，恰恰是狼对马群的攻击，才把蒙古马逼成了世界上最具耐力和最善战的战马。因此，勇猛的性格、卓绝的军事智慧、世界第一的蒙古战马，就成为东方草原民族的三大军事优势。而这一切都与草原狼有关。

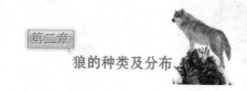

*北极狼

北极狼又称白狼，是犬科的哺乳动物，也是灰狼的亚种，分布于欧亚大陆北部、加拿大北部和格陵兰北部，是世界上最大的野生犬科家族成员。北极狼平均肩高64～80厘米，脚趾到头大约高1米，身长度从1到1.5米（鼻子到尾巴）。成年雄狼大约重量为80千克。人工饲养的北极狼，能活到超过17年。

然而，在野外生存的北极狼平均寿命不过是7年。北极狼的颜色有红色、灰色、白色和黑色，它们会用林子里的灰色、绿色和褐色作为掩护。北极狼有着一层厚厚的毛，它们的牙齿非常尖利，这有助于它们捕杀猎物。

北极狼是灰狼唯一在其原始分布地的亚种，其主要原因是因为在

它们的天然栖息地遇到人类的机会不大。北极狼生活在北极地区，它们的皮毛雪白，与北极的环境融为一体，过着群居生活，通常是5～10只组成一群，在这一小型群体中，有一只领头的雄狼，所有的雄狼常被依次分在甲、乙……等级，雌狼亦是如此。狼群中总是有一只优势的狼，其他的不管雌的、雄的均为亚优势及更低级的外围雄狼及雌狼。除此之外，便是幼狼。优势雄狼是该群的中心及守备生活领域的主要力量，优势雌狼对所有的雌性及大多数雄性是有权威的，它可以控制群体中所有的雌狼。优势雄狼和优势雌狼，以及亚优势的雄狼和雌狼构成群体的中心，其余的狼，不管是雌的还是雄的，均保持在核心之处，优势雄狼实际上是一个典型的独裁者，一旦捕到猎物，它必须先吃，然后再按社群等级依次排列。而且它可以享有所有的雌狼。不过，优势雌狼不知是醋意大发还是为种群的未来着想，

它会阻止优势雄狼与别的雌狼交配，并且优势雌狼几乎也能很成功地阻止亚优势级雌狼与其他雄狼交配。这样，交配与繁殖后代一般在优势雌雄狼两个最强的个体之间进行。

当然，这样会减少交配机会，限制幼狼的数目。因此，常看到一狼群中仅有一窝幼仔。可是，一旦遇到特殊情况，比如狼受到大量捕杀或者大片栖息地被开拓时，狼的社群等级性就受到了抑制甚至破坏，首先是结群性被打破。这样，独身的雌雄狼便会有充分的自主权，几乎每一只狼均会找到配偶，繁殖率大大增加，每一只雌狼每年均可产下一窝幼仔，它们一般诞生在洞穴里，有着纯净的白色的毛。北极狼对自己的后代表现出无微不至的关怀。

当幼狼降生后，最初的13天，尚未睁开眼睛的小狼便会紧紧地挤在一起（每窝5～7只，个别情况下可达10～13只），安静地躺在窝中。母狼在这个时期，几乎是寸步不离，偶尔外出，时间也很短，然后赶紧返回洞穴，细心照料小狼。1个月后，母狼便开始训练它的孩子们，它将预先咀嚼过的，甚至经吞食后吐出来的食物喂养小狼，让它们习惯以肉为食。小狼的哺乳期

争，绝不屈服。等长到约2岁时，小狼便开始达到性成熟，雌狼一般要到3岁或4岁才开始第一次交配，而雄狼这时长得强壮有力，开始觊觎优势雄狼的地位，一有机会便会提出强有力的挑战，成功者则会取而代之，成为新的统治者。这对保持和恢复狼的种群数量是十分必要的。

成年北极狼约0.9米高，长的很象一只有绅士风度的狗。这种狼的颜色有红色、灰色、白色和黑色。它们的猎物主要是大型的食草动物，如驯鹿、麝牛、驼鹿、鱼类、旅鼠、海象和兔子等。一只北极狼一天能吞下大约10千克肉，在没有食物的情况下，它们也会去吃腐肉。它们总是选择一头弱小或年老的驯鹿或麝牛作为猎取的目标。开始它们会从不同方向包抄，然后慢慢接近，一旦时机成熟，便突然发起进攻，若猎物企图逃跑，它们便

为35～45天，但是长到半个月的小狼已具有尖锐的牙齿，这时母狼又会给小狼不同的食物，先是尸体，然后是半死不活的，目的是让小狼逐渐学会捕食本领。此后再带着它们到一定的地方饮水。有趣的是，在此期间，狼群中某些成员也会参与喂养小狼的活动。

随着小狼的逐渐长大，它们逐渐担任起捕猎和防卫等任务，若遇到其它狼群的攻击，它们会以死抗

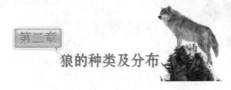

会穷追不舍，而且为了保存体力，它们往往分成几个梯队，轮流作战，直到捕获成功。它们的牙齿非常尖利，这有助于它们捕杀猎物。

北极狼的主要天敌是人类，由于人类的采伐树木、污染和垃圾，它们失去了居住的地方。如今，北极狼面临濒危的境地，每年至少有200只北极狼被杀。现在，全球只有约10000只北极狼生存，因此它们被列为二级濒危动物。

＊南极狼

在上个世纪以前，阿根廷最南端的圣克鲁斯省西面的福克兰群岛上生活着一种狼，由于福克兰群岛非常接近南极圈，因此动物学家们为这种狼取名为南极狼。南极狼可以说是世界上生活在最南端的狼。它们的模样同狗很相近，只是眼角斜、口稍宽、吻尖、尾巴短些且从不卷起，垂在后肢间。耳朵树立不

群居的杂食猛兽
>>> 狼

曲。为了生存，南极狼在长期的进化过程中变得犬齿尖锐，能很容易的将食物撕开，几乎不用细嚼就能大口吞下，臼齿也已经非常适应切肉和啃骨头的需要。南极狼的毛色会随气温的变化而变，冬季毛色变浅，有的甚至变为白色。

福克兰群岛海岸曲折、潮湿多雾，岛上草原广阔、水草丰美。到了18世纪末，这里的畜牧业已经相当发达，岛上大部分居民从事畜牧业。这里广阔的草原和种类繁多的食草动物以及啮齿动物也给南极

狼提供了良好的生活空间及食物来源。本来狼在人们心目中就是臭名昭著，再加上南极狼有偷食羊和家畜的习性，这样就更是增加了当地牧人对南极狼的厌恶。为了使自己的利益不受损害，牧人们纷纷联合起来，开始捕杀南极狼。因为缺乏可以躲藏的丛林，所以福克兰狼很快就灭绝了。由于缺乏掠食者，所以福克兰狼相当温驯，就像一般的岛屿物种。人们可以一手拿一块肉，另一手用刀子或棍子杀害它们。不过如果有必要的话，福克兰

78

狼偶尔也会抵抗。由于人为的因素，南极狼已于1875年灭绝。

*蒙古狼

蒙古狼是一种体型中等的狼，体貌较像北美灰狼，体毛呈棕黄色，腹部略白，而北美灰狼背部呈灰黑色，腹部呈灰白色。其体型要比北美灰狼瘦小。体长（计尾长）雄性一般1.6～1.8米左右，雌性1.4～1.6米左右，雄性平均体重40～50千克，雌性30～40千克。主要分布在北温带的草原地区，如蒙古草原和内蒙古草原（呼伦贝尔草原以及锡林郭勒草原最为代表）以及俄罗斯东南部地区，分布国家是中俄蒙三国。在我国，蒙古狼大致有4000～6000只，被列为国家二级保护动物。

蒙古草原狼主要以黄羊、鹅喉羚、野兔、旱獭等为食，不过在饥饿或其他情况下也它们会捕食家畜。在夏季或其他食物丰盛的时候，它们通常以家庭和成对居住，单身狼也会独居，各有各的领地，一般居住在土洞中。在捕食大型猎物和抵御外来狼群、其他食肉动物或冬季食物缺乏时，它们会集成5～12只的群体，由一对狼王狼后统领。（有时狼群只是一个小家族，那么就不存在集成大群体，而是不论什么时候都一起生活）各狼的领地本群的狼可以进入，但整个狼群也有领地，狼群的领地是不允许其他群体的狼进入的，一旦发现就会将闯入者驱逐出去。狼群中只有狼王狼后才有生育的资格，其他狼不允许生育，这就加大了头狼幼仔的存活率。幼狼1岁时可以独立生活，到2岁时完全成熟，这时如果狼群数量较少，需要增加群体数量，那么幼狼会继续留下来，壮大群体。如果狼群数量较多，自然条件苛刻，幼狼则会被狼王狼后驱逐出狼群。

*墨西哥狼

墨西哥狼是狼的一个亚种，属于食物链上层的掠食者，通常群体行动。主要分布于美国西南和墨西哥西北部的崇山峻岭之中，是世界上最大的野生犬科家族成员。狼具有很好的耐力，适合长途迁移。它们的胸部狭窄，背部

与腿强健有力，这使它们具备很有效率的机动能力。它们能以约10千米的时速走十几公里，追逐猎物时速度能提高到接近每小时65千米，冲刺时每一步的距离可以长达5米。由于它们会捕食羊等家畜，因此直到20世纪末期前都被人类大量捕杀，属濒危物种。

墨西哥灰狼是北美最小的狼，身长从1.3～1.6米（鼻子到尾巴），肩高60～80厘米，体重一般为25～40千克。体色为黑色或灰色相杂，有所有狼中具有最长的鬃毛。这种狼机警、多疑，其模样

同狼狗很相似，只是眼较斜，口稍宽，尾巴较短且从不卷起并垂在后肢间，耳朵竖立不曲。狼的皮毛颜色大都是上部颜色较深呈黄灰色混杂着黑色毛等，下部颜色较浅。墨西哥狼有尖锐的犬齿，能将食物撕开几乎不用细嚼就大口吞下，臼齿也已经适应切肉和啃骨头的需要了。它们的视觉、嗅觉和听觉也都十分灵敏。

墨西哥狼通常是5～6只一同生活，包括了父母及当年出生的幼狼。成年的狼只会为生育而交配。狼群之间很少接触，各自拥有自己的领土。它占用最南方的地区，主要分布于美国西南和墨西哥西北部的崇山群岭之中。墨西哥狼吃鹿类、加拿大盘羊、白山羊、叉角羚、兔子以及啮齿动物和西猯。在1960年，最后的野生墨西哥狼被打死。20世纪90年代初，开始启动在原先墨西哥狼的分布范围内重新野放他们的计划。

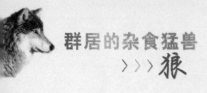
* 西密恩豺

西密恩豺，体重15～30千克，小巧玲珑，被认为是一个独特的品种，定名为犬属鲁拂斯。现代解剖学家认为，这种狼仅仅是犬属卢普希大小和颜色的变异。当发生这种自然变化时，我们称之为"亚种"。如果发生这种变化是由于人为作用，则称之为"育种"。现在，纯种红狼亚种可能在野外消失。美国东南部常见像狼的动物最可能是红狼的杂种，或是向东迁移的郊狼。

达上百只。每群由一只健壮的成年公狼率领，捕食大多由母狼完成。它们几只或十几只一起出动围攻猎物，就连麝牛、驼鹿等大型有蹄类，在它们的围攻下也得坐以待毙。它们奔跑速度很快，可达每小时60千米，因此只

* 基奈山狼

基奈山狼仅分布于美国阿拉斯加州的基奈半岛。它是狼中体型最大的，体长1.3～2米，肩高0.9～1.1米，体重70～100千克。基奈山狼喜欢结群生活，有时可

要被它们发现的猎物就很难逃脱。在群内，公狼是十分悠闲的，一般只负责照看一下幼仔。基奈山狼对环境适应的能力很强，在非常肌饿时，果子、块茎和一些植物都是它

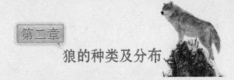

们的食物。别看它们是凶恶的动物，却极有洁癖，平时十分注意保持窝内的卫生。

每年4～6月间，是母狼产仔时期，在此之前，母狼会自己找好一处新的巢穴，使幼仔出生后就有一

个舒适的新家。母狼孕期为60～65天，每胎可产5～10只幼仔。基奈半岛地域狭小，因此基奈山狼在没被人类大规模捕杀之前，也不是很多。16世纪后期，英国人来到了基奈半岛，他们到来后并没因基奈山狼数量稀少而放过它们，而是将其视为邪恶的象征而进行捕杀。在人类长期逐杀之下，基奈山狼到20世纪初期时，只剩下不足30只了，在以后的十几年中，为数不多的基奈山狼也逐一死在了人类的枪口之下。1915年5月，一只母狼在基奈半岛北部的一个山谷中被人们打死，这是最后的一只基奈山

狼。在此之后，它的踪影也没有被发现过。

﹡阿拉伯狼

阿拉伯狼是狼的一个亚种。曾经广泛分布于阿拉伯半岛，但现在仅生活在以色列南部、阿曼、也门、约旦、沙特阿拉伯等地的较小范围内，在埃及西奈半岛的部分地区可能也有分布。它们是生态系统原有的一部分，各地不同生态系统的多样性，反映了狼这个物种的适应能力。

阿拉伯狼的身型很细小，并适

合在沙漠里生活。它们的耳朵比其他的亚种大，目的是适应沙漠的高温，并协助它们有较好的散热效果。当这个品种站起来时身长约87厘米，平均体重为40磅。它们并不会以大群体的形式进行活动，但是在捕猎的时候，则会以3～4只狼去行动。由于这亚种较为罕有，所以人类还未发现它们的嚎叫声。在夏天的时候，它们会有些短短的、薄薄的毛，但有些背后的部分可能还留下一少部分较长的毛，科学家认为这是为了适应太阳的幅射而有的表现；虽然这部分皮毛不及其他北方的亚种长，但在冬天的时候会跟夏天相反，变成比较长的皮毛。跟其他亚种一样，它们的眼睛大部分都是黄色的；但有些跟野狗交配产下的杂种，其眼睛的颜色为棕色。

阿拉伯狼会袭击及进食任何体型跟羊一样大或比羊小的家畜。因此，农民会毫不犹豫地去射击、毒害或是设陷阱将其杀死。除了家畜外，它们还会进食兔子、有蹄类动物以及任何它们找到的腐肉。它们也会去捕猎小型至中型的动物，例如是山兔、小鹿瞪羚及野生山羊。如果人类在它们的居住地附近定居，它们则会以腐肉及家畜为主食。

在阿曼，自政府禁止猎杀后，阿拉伯狼的种群数目有显著上升，相信在短时间内，它们就能够在合适的地方重建家园。而在以色列，有接近100至150只阿拉伯狼生存于内盖夫及哈阿拉瓦。

*东部森林狼

东部森林狼又名美洲东部林狼，是北美地区分布最广泛的狼。体长约1.5～1.7米，包括38～48厘米长的尾巴，肩高约76厘米。体重约23～45千克，成年雄性的平均体重为34千克。雌性为27千克。

东部森林狼的生活适应性很强，森林、苔原、平原、山地都能找到它们的身影。曾经广泛分布于从新英格兰到五大湖区，从加拿大东南部到哈德逊湾之间的广大地区，但现在它们活动的区域仅仅

是当初的3％。目前，狼群最多的地区在蒙大拿州北部，另外还有两个较小的群体生活在密歇根州和威斯康星州。而在美国东北部的纽约州和新英格兰地区，狼群已经灭绝100年以上了。

东部森林狼是群居动物。狼群内部的社会结构复杂，通常是由一对成年狼夫妇和其后代组成。这种统治者和从属者的分层，有助于狼群统一团结。狼群通常有2～15只，数量主要受其捕食对象数量的

影响。在狼群内部通过气味、叫声、面部表情和肢体动作来进行交流。东部森林狼是食肉性动物。80年代有人统计过，林狼的食物中，55%是白尾鹿，16%是海狸，10%是野兔，19%是老鼠、松鼠等其他小的哺乳动物。随着季节的变化，它们捕捉的动物也有所不同。例如，在春天和秋天的时候，海狸忙着在河岸边砍体树，寻找和搬运食物，很容易捉到，狼这时候就吃得比较多。到了冬天，海狸都躲到冰层下面去了，它们就得捕捉鹿和兔子。夏天的时候，它们主要吃各种各样小的哺乳动物。

东部森林狼在自然界中本没有天敌，影响其数量的主要因素是疾病和自然灾害。但林狼的命运和其他濒危动物一样，由于北美殖民地的开拓、栖息地的不断减少和人的肆意捕杀，它们的数量逐年减少。到了1973年，林狼的处境和价值才被人们所认识，列入受保护的濒危动物范围。虽然如此，人类的捕猎活动和对其栖息地的开发仍然对东部森林狼的生存构成巨大威胁。

*德克萨斯红狼

德克萨斯红狼生活在墨西哥沿岸，但不能确定它们的足迹究竟向内深入到哪里。德克萨斯红狼的体型较小，体重在18～27千克。对于它们的体重而言，它们比较高，成年的德克萨斯红狼肩高0.72米。德克萨斯红狼看上去有点像一种北美郊狼，不过北美郊狼的体型略大些。这两种狼的耳朵较其他种类的狼耳朵要大些，但由于德克萨斯红狼身上的暗红色非常醒目，所以两者一般不会混淆。

德克萨斯红狼的主要食物是野兔、海狸鼠、田鼠、鱼等一些可以捕获的东西。有时候德克萨斯红狼也吃一些只有鹿才吃的昆虫和浆果，但它不是杂食动物，而是地地道道的肉食动物，只不过偶尔吃些植物而已。

德克萨斯红狼是隐蔽性很强的动物，通常在夜晚出来捕猎。和其他肉食动物相比，德克萨斯红狼的捕猎显得非常困难。灰熊、美洲虎等凭借着体力、矫健和机智总是捷足先登。

德克萨斯红狼通常在每年的2～3月发情交配，怀孕期位60～63天或更多一些时间，一胎平均产仔5个。幼仔3～6个月断奶，然后就跟随它们的母亲学习打猎技巧和野外生存的本领，一直到它们可以离窝独自谋生。

为了发展农业，美国的农场主大量开荒造地，甚至大片的森林也被开垦出来。当地生态环境在很短的时间

群居的杂食猛兽 >>> 狼

内遭到了极大的破坏，使得德克萨斯红狼的栖息地急剧减少，它们正常的繁衍与生存状态失去了平衡。同时，畜牧业的发展使得德克萨斯红狼成为美国农场主的死敌，它们不断被猎杀。由于德克萨斯红狼数量越来越少，在找不到同类的情况下，它们不得不同其他种类的狼，特别是北美郊狼杂交，从而引起种群特性消退。1970年，最后一只纯种的德克萨斯红狼死在德克萨斯和墨西哥不远处的海湾。

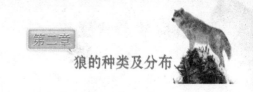

狼的分布情况

*狼在中国的分布

  中国曾是狼种群数量最大的国家之一。但是对狼的种群数量从未进行过系统调查，所以很难提出一个准确的数字。近年来对内蒙古呼伦贝尔草原狼的种群调查表明：狼的数量不超过2000头。目前，产狼最多的地区是西北、内蒙古、东北地区和新疆的部分地区。但因生态环境的严重破坏和长期以来人为的大量捕杀，使得狼在我国的分布区域大为缩小，由过去的全国性分布，到现在只分布于北纬30°以北地区，基本上呈块状分布，在江浙地区已基本上绝灭。即使在北方的林区和草原，狼群也只偶尔见到。

  在我国，目前尚无专为保护狼而建立的保护区。

  （1）主要分布省份

  北京、河北、山西、内蒙古、辽宁、吉林、黑龙江、江苏、浙江、安徽、江西、河南、湖北、湖南、广东 、广西、四川、贵州、云南、西藏、陕西、甘肃、青海、宁夏、新疆。

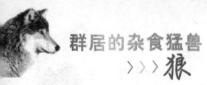

（2）主要分布的保护区

天堂寨、兴隆山、白水江（甘肃）、布尔根河狸、雪岭云杉、托木尔峰、习水、梵净山、董寨鸟类、济源猕猴、鸡公山、宝天曼（内乡）、洪河、兴凯湖、九宫山、神农架、后河、八面山、莫莫格、鄱阳湖、鄱阳湖、武夷山（江西）、桃红岭、井冈山、老秃顶子、老秃顶子、罗山、六盘山（宁夏）、青海湖鸟岛、庞泉沟、太白山、佛坪、卧龙、金佛山、芒康滇金丝猴、珠穆朗玛峰、塔里木胡杨林、甘家湖梭梭林、大围山、怒江

高黎贡山、高黎贡山、铜壁关、清凉峰、天目山（浙江）、古田山、三江（黑龙江）、赛罕乌拉、八仙山、额济纳胡杨林、南靖南亚热带雨林。

（3）主要分布的山脉及湖泊

阿尔金山、中条山、大别山、关帝山、贺兰山、喀喇昆仑山、昆仑山西段、昆仑山东段、昆仑山中段、香山、五台山、六盘山、芦牙山、太岳山、太行山、清凉峰、秦岭、天山、准噶尔界山及其山间谷地、帕米尔高原、伏牛山、鄱阳湖、昆仑山区。

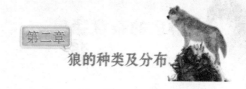

*狼在世界上的分布

狼在世界上分布广泛，它们曾经的居住地遍布整个北半球，北美洲的加拿大、美国（夏威夷除外）和墨西哥，欧洲的大部分国家，几乎整个俄罗斯，东亚、中东的部分地区，印度还有尼泊尔。但今天，美国除北部几个州的大部分地区已经没有了狼的踪迹，墨西哥的野生狼群已经在1960年灭绝，亚洲的大部分地区同样如此。欧洲的情况最糟，除了西班牙、意大利、波兰、希腊和土耳其还有少量的狼群外，其他地区的几乎都已经灭绝了。

（1）在美国的分布情况

狼分布最多的州是阿拉斯加州，20世纪80年代调查，最高为 5000～6500 头；90年代以来种群又有新增长，达到 7000头。明尼苏达州有2000头左右，威斯康星州40头，密执安州30头。在阿拉斯加州，狼仍然覆盖全州总面积的85%，几乎等于历史上曾有的分布范围。在过去数十年里，阿拉斯加中止了全州范围内的政府部门狼控制计划。它加强了对猎狼行为的限制，严禁毒杀和空中追捕，取消了由政府支付的猎狼奖金，并且控制打狼和诱捕狼的活动。州议会还在该州划出了大面积的国家公园，在这里狼得到了完全的保护。但狼群数量得增加也带来了种种弊端，ＡＤＦ＆Ｇ组织(the Alaska Department of Fishand Game)警告说，许多重要地区可供狩猎的动物数量由于狼的数量增加已明显下降。例如，三角洲地区驯鹿数量从1989年的10700头下降到1992年的

5000～6000头。研究表明，狼和北美灰熊是造成这种下降的主凶。因此，ＡＤＦ＆Ｇ组织在1992年成立了一个"阿拉斯加狼管理计划小组"，制定了一系列措施，准备将狼的数量降到适当水平。但由于舆论界的阻力，公众对此计划多持反对意见，因为执行该计划后，狼的数量将不会保持稳定或增长，而会被灭绝。所以，原定于1993年执行的狼管理计划只好不了了之。

（2）在加拿大的分布情况

加拿大是世界上拥有狼种群数量最多的国家之一。该国被科学家们称为"世界上最大的狼储蓄库"。狼一度在加拿大本土、北极区各岛以及温哥华岛广为分布，但是人类的行为——农业活动、不利的野生动物捕猎法规、对野生动物保护意识的淡漠，以及其他迫害等等干扰了狼的生存，导致狼在数量和分布范围上都大为下降。尽管没有关于狼下降数量的确切统计数

字，但是拓荒者和靠近荒野的农场上的人们坚信这种下降是确实存在的，官方野生动物管理机构的报道也证实了这一点。在过去，人们用枪杀、设陷阱等主要方式大量猎杀狼。在20世纪50年代和60年代，一些地区和省政府部门还曾对辖区内的狼进行过大规模的毒杀。政府允许捕猎者设陷阱任意捕捉狼，加拿大毛皮研究所还指导这些诱捕者采用合适的方法来捕捉狼，以便使狼皮顺利出口到欧共体成员国。如今，这种趋势已被扭转，所有适合狼栖息的地方都有了狼的踪迹，覆盖面积约占它们过去分布范围的86％。从各管辖地区有关部门和长期从事狼研究的科学家所作出的密度统计和狼群分布图来看，加拿大目前狼的数量大约在50000～60000头。野生动物管理人员报道说在大多数地区和省份，狼的数量维持稳定或处于增长状态。在过去十年里，加拿大捕猎狼的数量发生了急剧下降，而且这种趋势仍在继续。1983年估计有3738头狼被捕猎，1990年估计捕猎2285头，下降了40％。其主要原因是，随着北部地区社会经济方式的转换，靠猎狼谋生的人已经大为减少了。捕猎数量下降最明显的地区是安大略、马尼托巴、萨撕喀彻温、艾伯塔和哥伦比亚。其中安大略占下降总额的70％，从1983年的1300头降到1990年的350头。此外，在加拿大提起狼的管理来不再仅仅意味着猎杀之，政府狼管理部门已开始教育民众认识狼在自然

群居的杂食猛兽
>>>狼

界中的地位，保护狼的栖息地和狼群数量的意义，并尽量减少狼和人类之间的冲突。在民众心中狼已不再是相传数个世纪的寓言故事里的"血腥狼嚎"，恰恰相反，现在加拿大人民认为狼是荒野的象征，极为推崇。目前，至少在一部分地区，狼得到了一定程度的保护，这

些地区的总面积大约有218 000平方千米，约占加拿大领土总面积的2.5%。

(3) 在罗马尼亚的分布情况

罗马尼亚约有2500头狼，主要分布在喀尔巴阡山区中部。另外，还有50头狼生活在东南部的森林低地。在严冬，狼由喀尔巴阡山区或乌克兰向罗马尼亚南部的低地迁徙。当地狼的主要猎食对象是野猪和狍。在罗马尼亚没有法律保护狼。由于狼皮在当地值钱，所以当地政府允许猎人在全年任何时候猎取，但没有采取毒杀措施。依照官方记录，每年大约有250头狼被杀掉(注：为其总数的1/10)。杀一头狼，政府给猎人5美元奖金。而罗马尼亚政府已开始研究确定究竟留多少狼才适宜于当地有

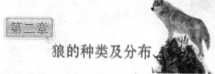

蹄类种群（主要是马鹿）永远能生存下去。

（4）在匈牙利的分布情况

历史上匈牙利北部的部分地区有狼，1907—1908年，狼开始被射杀。目前匈牙利仅在东部可以见到狼。根据猎取和观察记录，1920—1930年，狼的数量最多。1940—1950年，狼的数量最低。1960—1980年，狼的数量又增高。近年来，在匈牙利中南部地区通过繁育重新建立了一个狼的小种群。该地区主要是落叶松林，有浓密的幼林长出，为狼提供了良好的栖息和隐蔽条件。匈牙利建立的这个小的狼种群能与周围国家，如斯洛伐克的种群，互相改良狼种群的质量。在匈牙利，狼猎食马鹿、野山羊及家畜，却受到如此保护。但一旦造成较大危害时，仍允许被优先猎杀。

（5）在斯洛伐克的分布情况

第二次世界大战前，狼在斯洛伐克所有地区近乎灭绝，但第二次

世界大战中狼的数量却增加了。战后，猎人通过大量猎取和毒杀来控制狼的数量。1975年，斯洛伐克建立了国家公园，狼首次在斯洛伐克受到保护，并规定每年3月1日至9月15日，长达6个月时间内不准猎捕狼。目前，斯洛伐克的狼已发展成约300头左右的种群，是近200年来最大的种群。保护狼最大的困难是人们对狼的观念尚需改变。狼在斯洛伐克的猎食对象是马鹿、狍、野猪和野山羊。在阿尔卑斯山牧区，狼一出现即遭猎捕。在斯洛伐克西部没有森林，人口众多的地区狼难以生存。非保护区内猎狼有奖金，猎一头狼，政府为猎狼者提

供相当于三周左右的工资。每年狼的猎取量约120头，达总数的40%。另外狼感染狂犬病而侵袭人的现象时有发生，因而被大量杀死。目前，还没有一项官方管理方案出台。

（6）在中东各国的分布情况

狼的种群数量在中东各国的分布如下：埃及(西奈)30头左右，阿拉伯半岛300～600头左右，约旦200头，以色列100～150头，黎巴嫩10头，叙利亚200～500头，伊朗不超过1000头，阿富汗1000头左右，伊拉克和土耳其数量不详。

（7）在印度的分布情况

印度的狼有两个亚种，即灰狼和印度狼。前者只分布在印度北部喜马拉雅山脉高海拔地区，后者分布在干旱、半干旱草原地带。印度狼的数量估计在1000～2000头。这个数目要比印度虎头数少。但是，狼作为印度主要的食肉动物和草原-灌木地带的主要物种，并没有受到应有的重视与保护。虽然印度狼被列为濒危物种，受到法律保护，但由于印度大部分地区的狼以小型家畜如山羊、绵羊为食，狼每吃掉一只羊，对当地贫穷的牧民来说都是一笔巨大的经济损失，所以法律约束很难起到应有的效果。人们用烟熏狼巢并杀死它们的幼仔，成狼则被射杀和毒

杀。目前，印度西部的韦拉瓦达国家公园是该国唯一的狼保护区。

IUCN-SSC狼专家组1993年9月5～7日在瑞典斯得哥尔摩召开第一次国际狼保护会议，通过了狼保护宣言：提出了狼作为一个物种，有高度发达的社群行为，在自然生态系统中有重要的作用和地位，应当受到保护。欧洲成立了狼研究合作协会，参加国家有27个。并制定了狼的研究和保护计划，定期召开会议，出版有关狼的种群动态的材料，合作开展对狼的全面研究。

第三章

漫话狼文化

所谓"狼文化"，并非狼本身产生的文化，而是狼与人联系起来后产生的狼与人的关系，并根据人对狼的认识，才赋予了多姿多彩的狼文化。狼文化既有历时的时代性，又有共时的区域性，即民族性，不同地域、不同民族的狼文化有各自不同的本质。

人类文明已有5000年的历史，在中华民族5000年的历史长河中，产生了56个民族，汉民族与狼共存，狼在汉文化里一直扮演反面角色，长期以来被公认为害兽，狼的贪婪、狡诈、凶暴令人生畏，人对狼的认识过程，主要表现在文学作品和民间传说中。狼的分布极广，对人类驯养的动物危害较大，所以长期存在矛盾，狼已成了"凶残"与"恐怖"的化身，无论是"狼外婆"，还是"中山狼传"都是妇孺皆知的启蒙故事，千百年来广为流传。狼在各种各样的文本中，通过放大了的隐喻，成了防不胜防的恶魔，更给人们心理上带来恐惧感。

文学上"狼"字的意蕴

语言是社会的产物、文化的载体，也是文化的重要组成部分。作为语言的动物名词，具有不同的文化含义，各种文化具有鲜明的民族特色，是社会集团把主体的文化价值观涂抹到了动物身上。

从甲骨文中的狼字的字形结构分析来看，狼似犬，因此右边的"犬"为形，字形的左边为甲骨文的"良"字。原本表示一缕光线从洞中穿射而入。"狼"字用"良"做

组字构件，因为狼通常夜晚活动，这时，狼的目光如同两盏青绿色灯光，格外夺目。上古先及以"良、犬"会意，创造"狼"字。

《尔雅》是古代百科全书，是中国最早的一部解释词义的专著，在中国古代语言文学史上占有显著地位。在《尔雅》中就有记载"狼"；《说文解字》是中国第一部系统分析字形和研究字源的

群居的杂食猛兽
>>> 狼

的字书，它奠定了中国古代字书的基础。《说文解字》记载"狼，似犬，锐头，白颊，高前广后，从犬，良声。"；《辞源》记载狼为"食肉猛兽"；《新华字典》解释为"性凶残"，往往集群伤害禽兽，是畜牧业的主要害兽之一；此外，《辞海·生物分册》的解释与《汉语大词典》相似。

动物词语在汉文化中的褒贬模式，是一种常见模式，是客观存在的，是稳定的，汉语中以"狼"构造的词语都是贬义的，如引狼入室、狼子野心、声名狼藉、狼烟四起、鬼哭狼嚎等。为了增强生动性，汉语成语往往同时运用两种相似的动物，如狼狈不堪、狼狈为奸、狼吞虎咽、如狼似虎、豺狼成性、前怕狼后怕虎。汉语成语所包含的动物，不是所有人亲眼见到的，而是通过各种传媒、家庭、学校、社会影响，代代相传，永续不断。

汉文化中的狼意象

狼作为一种文化象征和精神寓意，反复出现在中国古代文学中，经过人类长期体验，由主体感观摄入并深入人心，由物象抽象为意象。

（1）隋唐以前的文献典籍中

狼意象具有象征意义，以狼图腾崇拜为代表，在更多的情况作为"恶"的形象。

（2）古代诗歌中狼的意象

在汉民族早期，狼是作为美好的形象出现的。《大公六韬》曰"丈人之兵，如狼如虎，如雨如风，如雷如电，天下尽惊，然后乃成。"在唐宋诗人的笔下，狼成了野蛮的象征，如"所守或匪亲，化为狼与豺。"（李白《蜀道难》）；"豺狼塞路人断绝，烽火黑夜尸纵横"（杜甫《释闷》）等。

（3）古典小说中狼的意象

明清作品多以描述的方式，揭露狼的贪婪本性，以及其奸诈，凶险的本质，对无恶不作的人，狼是最好的象征符号。现代马中锡的《中山狼传》——东郭先生与狼的故事，中山狼成为忘恩负义的代名词。

在《聊斋志异》的一篇故事《梦狼》中，把大大小小的官吏贪婪、欺诈、无耻比作虎狼。

（4）"狼外婆"

狡诈邪恶的化身，狼外婆作为幻想性极强的民间童话故事，经历了久远的时间和空间传承，教育了一代又一代的不知是非的儿童，在

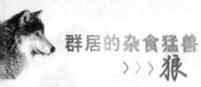

他们幼小的脑海中，"狼"是一种极坏的动物。

（5）"狼来了"

"狼来了"是大多数人最早接受的故事之一。这个故事使他们隐约地意识到自己有放羊娃同样的危险，"被狼吃掉"的惩罚就显得触目惊心了。"狼来了"在现今的国际事物中让人们警惕强大的势力突然进来给政治，经济造成的巨大损失。

（6）狼群雕塑

一个名为《出征》的狼群雕塑在深圳市南山区一所小学揭幕，这座雕塑说明"东方羊"的教育，培育的是温文尔雅、逆来顺受、安于现状的人。西方的狼教育，培养的则是个性张扬、敢于挑战、勇于进取、不断超越的人。

"狼群雕象"对开展狼的教育很有意义。现代社会走向多元化，对孩子教育应该打破陈腐的传统观念，对狼重新认识。更正以前对狼的坏印象。让他们知道观察任何事物应从不同角度出发，不能依靠主观判断是与非，让孩子学会树立信心，加强合作、勇敢作战的作风，培养成有思维、智慧、能解决问题、体格强壮的人。

《红楼梦》中的中山狼

子系中山狼，得志便猖狂。

金闺花柳质，一载赴黄粱。

目前在学术界对该判词较为认同的释议为：

子系中山狼——"子"，对男子表示尊重的通称。"系"，是。"子""系"合而成"孙"，隐指迎春的丈夫孙绍祖。语出无名氏《中山狼传》。这是一篇寓言，说的是赵简子在中山打猎，一只狼将被杀时遇到东郭先生救了它。危险过去后，它反而想吃掉东郭先生。所以，后来把忘恩负义的人叫做中山狼。这里，用来刻划"应酬权变"而又野蛮毒辣的孙绍祖。他家曾巴结过贾府，受到过贾府的好处，后来家资富饶，孙绍祖在京袭了职，又于兵部候缺题升，便猖狂得意，胡作非为，反咬一口，虐待迎春。

花柳质——喻迎春娇弱，禁不起摧残。 一载为一年，指迎春嫁到孙家的时间。

赴黄梁——与元春册子中"大梦归"一样，是死去的意思。黄粱梦，出于唐代沈既济传奇《枕中记》。故事述卢生睡在一个神奇的枕上，梦见自己荣华富贵一生，年过八十而死，但是，醒来时锅里的黄粱米饭还没有熟。

一般把"子""系"合并在一起，比喻"孙绍祖"是忘恩负义的中山狼。其实这样是不对的，"子"是你，"系"是"是"的意思。其实是说贾迎春是中山狼，因为这首诗是迎春的判词啊，是写迎春的，根本不是写孙绍祖的，如果这是孙绍祖的判词，你可以这样去理解，而孙绍祖的前世恰恰是东郭先生。

"子系中山狼"是说贾迎春的前世是中山狼，猎人一走，它便对东郭先生"猖狂"起来，而孙绍祖就是那位可怜的东郭先生，当时中山狼针对东郭先生犯下忘恩负义的大罪，那么就要来世以同样的方式还掉这种业债，就象林黛玉以泪还水的方式一样。

"金闺花柳质，一载赴黄粱。"今世让你中山狼转生成"金闺花柳

质"，这可不是让你当"绣户侯门女"享福的，而是让你用来还东郭先生的业债的，这个"金闺花柳质"对上世是中山狼的贾迎春来说只不过是"黄粱一梦"。我们不应该为贾迎春感到可惜，恰恰相反，应该庆幸才对，她还了上世欠下的东郭先生的帐后，便可以在临终后回归仙班——太虚幻境。否则，欠债不还，就要魂归地府，在地狱里受罪。

《收尾·飞鸟各投林》中"无情的，分明报应。欠命的，命已还……"就是说贾迎春的。作者也通过这种形式告诫世人，多做好事、善事，诸恶莫做，欠债要还，善恶必报是天理，当一个人受到冤枉、侮辱、不公的时候，都不是无缘无故的。

红楼梦这本书是一本讲因果报应的书，宣扬一种宿命，开头就说贾宝玉的前世为神瑛使者，林黛玉为绛珠草，为报灌溉之恩，在人间实现一种以泪还水的因缘关系。

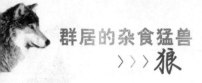

现代文学中的狼文化

每个历史时代都有自己的文化，在反思的同时我们不可能不审视文化中的向标。随着文明的演进和发展，狼作为人类观念意识物态化活动的符号和标记，承载着一段漫长的"恶魔化"历程。从神话和图腾崇拜中半人半神的狼，逐渐演变为半人半兽的狼，直至到了后期被定性为单纯象征了兽性和野蛮的一种动物符号。人类远古神话阶段笼罩在狼身上的神性光环消失不见了，自然界中的

一个真实物种被简化成了"恶"的代名词。

西方中世纪兴起过捕狼的热潮。"10世纪英国国王埃德加统治时期，下令全国灭狼，有捕捉300只狼以上者给予奖金。"尽管如此，风靡一时的猎狼运动并没有

给野生的狼带来毁灭性的打击。对狼来说，真正的灾难发生在基督教诞生后。基督教禁止将神性赋予自然界，开始了对自然的祛神秘化，人成了自然界中的独白者。正如英国著名的历史学家汤恩比所说："人类曾经怀着敬畏之情看自然，而这种情感遭到了犹太一神教的排斥，犹太教、基督教和伊斯兰教都是如此。"

随着文明的进步，人类文明的历程进入现代化阶段。狼作为艺术形象高频率地出现，成为文化市场上的一道亮丽的风景线。狼形象成为印证人类存在的对立物，表明当今人们对奋突猛捷、凌厉强硬的狼性精神的渴求。人性由最初的与狼共舞、相依相伴、拙朴无华演变成以科技为上，具有浓厚社会化气息的人性。对于浸淫在文明的肉身而渐已导致自然生命冲力

群居的杂食猛兽
>>> 狼

萎缩的人类来说，狼是一种人类本原的生命记忆的对象化。这种本原生命的强悍、坚韧，使在社会文明桎酷下生存的人们感到弥足珍贵。本真的狼性对应着社会化的人性，它召唤人们对让人类承受急剧压迫的现代文明产生反叛，回归本原生命，找回更多属于人的东西。

如果说20世纪初，人类关于狼性文化的探讨仅仅是一部分精英知识分子的渴望与呼唤，并在社会历史的运行中遭到重重阻碍，那么在21世纪，狼终于获得了社会大众的普遍基础，狼性文化由精英文化变为大众文化，人们对于狼和狼文化的关注已经具有了强大的社会基础。

现代文化中的狼精神

狼起源于距今约500万年前的上世纪中期，并在150万年前的更新世纪中期分化发展。多少世纪以来，狼一直是所有野生生物中最具恶名的种类之一，它被人仇视、使人恐惧。然而，这些很多都源自历史的误会。

在中世纪，欧洲的王公贵族喜欢在宫廷中眷养狼，它们认为狼是了不起的猎手，智勇双全的斗士。后来，为了使狼看上去更威风，人们有意识地让狼与大狗杂交，结果出现了性情变化无常、高大威猛、攻击性特别强的的狼狗，它们肆孽于乡村、城镇，恶名

却落到了狼的身上。

在人类兴盛以前，狼曾是世界上分布最广的的野生动物。随着人类的繁荣以及对狼的误解，狼逐渐退出了人们的视野。今天只有在美国阿拉斯加、明尼苏达州和加拿大的一些地方生活着相当数量的狼。

从历史资料看来，虽然在欧洲

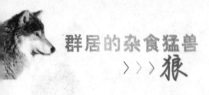

有大量的有关狼侵害牲畜、攻击人类的记录，但在狼群汇集的北美大陆，却几乎没有狼攻击人的记录。目前的观点认为，狼与人是可以和谐共生的。事实上，在人类繁荣昌盛前的漫长岁月里，人与狼曾和平共处，彼此以敬畏而不是恐惧的目光看待对方，双方都尊重对方的社会秩序和猎食技巧。

远古的人们把狼的形象画在石壁上时，心中充溢着惊奇。爱斯基摩人和印第安人很早就认识到狼的优秀特质，许多印地安部落还把狼选作他们的图腾，他们尊重狼的勇气、智慧和惊人的技能，他们珍视狼的存在，甚至认为在地球上，除了猎枪、毒药和陷阱，狼几乎可以和一切抗衡。

狼群也许算得上自然界中效率最高的狩猎机器，虽然它们也经常失败，但它们始终深信成功一定会到来，它们的技能因为经历了失败

第三章
漫话狼文化

的考验而越发完善。它们从不会停止做那些微不足道的小事，每年奔波千里寻找猎物，留神所有的蛛丝马迹。失败是一种心态，而不是现实；失败是一种感觉，而成功则是一种理想。

狼群从来不会漫无目的的围着猎物胡乱奔跑、尖声狂吠。它们总会制定适宜的战略，通过相互间不断地进行沟通将其付予实施。关键时刻到来的时候，每匹狼都明白自己的作用并准确地领会到集体对它的期望。狼从来不靠运气，它们对即将实施的行动总是具有充分的把握。狼群的凝聚力、团队精神和训练成为决定它们生死存亡的关键因素。正因为如此，狼群很少真正受到其他动物的威胁。狼对它赖以生存的家庭、群体和组织总是倾注着热情与忠诚，它们共同游戏、配合狩猎、互相保护，它们的目的就是确保狼群的生存。

今天的人们通过对狼的深入研究，观点已发生了很大的改变，他们发现狼本身具备很多独特的品质，认识到狼同别的动物迥然

113

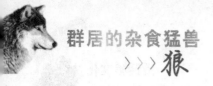

垮，经过几次佯攻，最后发起总攻，一个硕大的驼鹿终于乖乖地被宰割。

（2）锲而不舍

人类破坏狼的栖息地，抢夺狼的食物，桀骜不驯的狼是人类潜意识里一个难以战胜的对手。狼作为无法降伏的强悍对手而遭到人类的唾骂，上面追踪骆驼的例子说明狼的锲而不舍的品德。在小说《狼图腾》一书中，描写狼群跟随黄羊群的精神，狼群为了追杀黄羊，是不达目的决不罢休，它捕杀任何猎物，不管遇到什么困难，都能克服一切阻力，勇往直前，扑杀北美野牛，跟随北美驯鹿群，都表现出顽强、坚韧不拔的精神。

有别，它代表着原始的生命与野性、自由的天性以及征服世界的勇气，而这正是人类需要的。

（1）团队精神

狼是社会性的捕食者，任何猎物，包括比自己大几倍的猎物，狼群都团结合作、协同作战，以达到目的。这种合作是狼群制胜的关键因素。著名狼专家IUCU狼专家组主席Dave Mech曾对北美五大湖区一群狼捕食一只驼鹿进行跟踪研究。一群由15只个体组成的狼群，从闻到骆驼的气味，到跟踪追扑，经过9天的时间，狼群终于将驼鹿追

（3）足智多谋

狼在世界上与人类共存，并成为最成功、最持久的哺乳动物之

114

一，主要因素是狼适应变化的能力很强，它能在地球上任何一个自然生态系统生活。作为大型兽类之一，没有哪一种动物的分布像狼这样广。狼足智多谋，善于捕捉机会，无论围攻大型猎物，还是偷吃家畜，都反映了这一点。农民为了防止狼吃猪，想尽办法设套，但是没听说哪位农民套住一只狼。

（4）善于交流

在捕猎过程中，狼通过各种感官、敏锐的洞察力、大声嚎叫、脸部表情等都能传达信息。谁在前领头，谁在一旁佯攻，谁隐蔽突击，这些精细的分工令人难以置信，狼群中头狼是经过数次搏斗竞争中确立的，一旦确立，狼头有绝对的权威，扑到食物，它要是不动口，任何狼都不能吃，待它吃剩下的食物其他成员才能上前，狼的序列行为是十分清楚的。

回顾狼与人几千年相处的历史，分析狼与人满含冲突的矛盾现状，展望人与狼未来的走向，少数民族狼图腾的崇拜，狼文化中的优秀成分，我们应该全面探讨与思考。

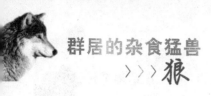

企业的狼性文化

　　所谓的"狼性文化"，是企业文化中一枝独秀的创举，是一种带有野性的拼搏精神。狼其性也：野、残、贪、暴。自古以来它总是与几千年的孔孟中庸之道格格不入。格格不入的原因便是中庸之道的主导精神："循规蹈矩、忍辱负重"。数千年来，以至直到现在，这种中庸之道的封建糟粕害得我国民性保守、惰性十足、同步自封、闭关锁国。总以为自己是最好的，不善于进取拼搏，不善于向别人学习，致使我们落后其他先进国家几十年，某些方面甚至落后上百年。

中庸提倡"人性""理性"，而现代精神的许多成功实例已经证明，中庸之道的"人性""理性"已经不符合时代的步伐，只有大胆地想象、大胆地实践、大胆地探索、才能使科技发展，才能推动社会进步。邓小平同志"中国特色社会主义理论"已经向封锁中国数千年的中庸精神开了第一枪，紧接而来的便是无数敢于吃螃蟹的成功的人和事。究其精神实质，这些敢于吃螃蟹的成功的人士，都是中庸的叛逆，都具有一种不安于现状的野性，当这种野性发作的时候，他们是什么也不顾的。许多科技领域的成功人士不正是这样做的吗？他们为了实现理想，忘我地、拼命地工作，有时几天不吃不喝不睡，这时候原始的野性在这一特定的环境中暴露无遗。而正是他们这种"野性"的发作，振了中国人的声威，缩短了中国与外国的距离，提高了人民生活的水平，提高了中国的国际地位！

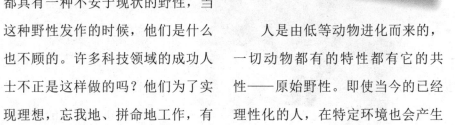

人是由低等动物进化而来的，一切动物都有的特性都有它的共性——原始野性。即使当今的已经理性化的人，在特定环境也会产生

117

原始的野性，这是诸多科学家和成功人士的共识。

人类在特定环境爆发产生的野性，在本质上和狼性中的"野味"是没有任何区别的。这里指的

是那种巨大的"潜能"。团队推崇提倡的狼性文化，即是指这种推进团队发展、为社会和人类创造效益的非凡的潜能，指这种潜能释放出来的拼搏精神。

（1）狼的生存信念

狼群算得上自然界中生存能力最强的动物。在狼的生命中，没有什么可以替代狼对生存的渴望及狼群对自己一定要活下去坚定不移的信念。狼群总是将自己所有的精力集中在那些能促成它们实现生存目标的行动上。在最关键的时候，即使生存的机会只有万分之一，狼也不会放弃自己的信念，它们始终深信自己一定会活下来。狼在被人类夹住时会自己咬断自己的手脚逃走；在饥寒交迫的时候，

正因为这种执著的精神，大部分狼都能历经千辛万苦而活下去，哪怕只有一匹狼的时候也如此。狼群中一定有一匹地位最低的狼（狼崽中最弱小的一个），狼群成员会对这个年轻成员加以虐待，几乎在所有方面都把它置于最后的位置，尤其在进食时。而这匹地位最低的狼则一定会证明自己的生存能力，然后独自到别处冒险，成为众所周知的"孤狼"，它最终会把自己磨砺得非常强壮，找到一个配偶并建立一个新狼群，或像王者一样归来，打败老狼王，

最普通的狼也可以饿上十天八天的，被迫无奈的时侯狼会将自己同伴的死尸吃掉，以此来缓解饥饿，没有同类尸体时，狼群中的老弱病残者会自动按顺序把自己作为食物提供给同伴，在紧要关头，狼还敢啃自己尾巴甚至后腿充肌，以此来缓解饥饿。

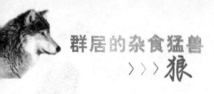

群居的杂食猛兽
>>> 狼

统治狼群，尽显王者风范。

（2）狼的制胜谋略

狼在集体行动之前通常由"独狼"出去打探目标，俗话说："独狼奸，群狼凶"，这种狼一般都是狼头儿（或者叫头狼），它的胆量、智谋和本领都高出群狼一筹，它的活动范围也不会离群狼太远，如果发现攻击目标或者遭遇敌害，独狼便把嘴往地缝里一插，发出一声刺耳的尖叫，群狼闻讯便会蜂拥而至。这时，独狼就站在高处纵观全局，指挥群狼或进或退、或攻或守，颇有规范。

狼群从来不会漫无目的的围着猎物胡乱奔跑、尖声狂吠。它们总会制定适宜的战略，通过相互间不断地进行沟通将其付诸实施。关键时刻到来的时候，每匹狼都明白自己的作用并准确地领会到集体对它的期望。狼从来不靠运气，它们对即将实施的行动总是具有充分的把握。狼群的凝聚力、团队精神和训练成为决定它们生死存亡的关健因素。正因为如此，狼群很少真正受到其他动物的威胁。

（3）狼的组织纪律

狼群有头领、有组织、有纪

律。狼群等级森严，长幼尊卑有序，狼群的社会秩序非常牢固，每个成员都明白自己的作用和地位。狼群进食时，只有头狼吃饱了，其他狼才能按地位尊卑进食。总的来说，只有占统治地位的那对狼才可以繁殖后代，在母头狼产下一窝幼崽后，通常会有一位"叔叔"担当起"总保姆"的工作，这样母头狼就可以暂时摆脱当妈妈的责任，和公头狼去进行"蜜月狩猎"，狼群中每位成员都自动地参与抚养和教育狼崽，并且是每位成员自动各司其职，为狼崽提供食物、栖息地、训练和保护，还陪它们玩耍。狼的生活中一切秩序都依每个成员在狼群中的地位而进行……

狼群一旦行动起来就一切遵照指令而行动，一旦接到指令狼群就会一拥而上，舍生忘死，不达目的誓不罢休！几个小狼群形成一个大狼群或者小狼长大时，狼群各头领之间，便会依照它们特有的法则，通过搏斗竞争新的头狼位置。

（4）狼的沟通交流

狼是最善于交流的动物之一。对狼来说，交流的艺术在于密切注视各种各样的交流方式，尤其是身体语言。它们的观察力被磨砺得极为敏锐，以至于它们甚至可以注意到同伴行为中最微妙的变化。狼之间复杂精细的交流系统使它们得以不断调整战略战术以获得成功。

狼从不依赖某种单一的交流方式，它们可以随意使用各种方法

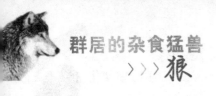

群居的杂食猛兽
>>> 狼

交流——嚎叫、用鼻尖相互挨擦、用舌头舔、采取支配或从属的身体姿态，使用包括唇、眼、面部表情以及尾巴位置在内的复杂精细的身甚至利用气味来传递信息。狼的眼睛可以用于最敏感的交流。眼部肌肉系统极其微小的运动以及瞳孔大小的变化都在表达惊奇、恐惧、快乐、认出同伴及其他各类情感。目不转睛地凝视，这种直接与狼的目光的接触，可以含有恫吓意味被狼理解为对它的威胁。一匹成年的狼对一只幼狼讲话时，会把头降低到和幼狼一般高，然后发出狼崽的呜咽般的声音。

当一匹狼想发出友好和坦诚信号时，它会向下盯着看或把目光移开。当它自在快乐、想玩耍时，

122

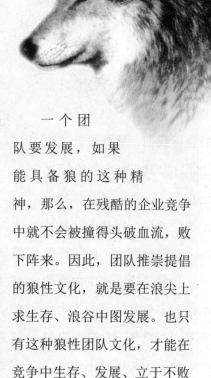

你会看到它表现出坦率、诚恳、开朗的态度。因为狼群不断面临生死攸关的场面，所以有效的交流便变得对它们的生存至关重要。进攻时，形势瞬间万变，狼与狼之间复杂精细的交流系统使它们得以不断调整战略和战术以获得成功。

一个团队要发展，如果能具备狼的这种精神，那么，在残酷的企业竞争中就不会被撞得头破血流，败下阵来。因此，团队推崇提倡的狼性文化，就是要在浪尖上求生存、浪谷中图发展。也只有这种狼性团队文化，才能在竞争中生存、发展、立于不败之地。

现代童话中的狼形象

文学里的"狼"的确是非常值得探讨的一个意象。"狼来了"的传统寓言告诉我们，狼从来就是我们对自然保持恐惧的一个象征之物。鲁迅小说《祝福》里，祥林嫂在精神上遭受的最沉痛打击，是她的儿子阿毛被野狼吞吃。以这样的方式丧子，最容易让人产生内心的惊惧。而绝大多数童话里的"大灰狼"，又是一个贪婪、自私、丑陋的形象，它侵略、失败，再侵略、再失败。然而进入作家创作童话阶段以来，现代童话中狼的形象也日趋个性化。狼形象从单一的类型化走向浑圆丰富的多元化，从动物走向个性儿童化，从象征着邪恶势力走向象征自由野性的意义。

* 狼形象的发展历程

童话是儿童文学最早的体裁之一，也是儿童文学中作品数量最大、最受小读者欢迎的传统形式。童话总是处于不断发展的进程中，概括起来，童话的发展先后经历了传统童话与现代童话两个阶段。传统童话主要指民间童话，现代童话主要指创作童话，或叫文学童话。无论是传统童话，还是现代童话，都有大量的狼形象出现，但是狼的形象却并不是一成不变的，其发展的历程大致如下：

民间童话中较早出现狼身影的代表性作品是英国的《三只小

猪》，故事说：三只小猪离开老母猪后自寻活路，第一只小猪造的是草房子，第二只小猪造的是树枝房子，第三只小猪造的是砖头房子。后来狼来了，它们都躲到房子里去。狼推倒了草房子，第一只小猪逃到了第二只小猪的房子里，狼又

过一系列对狼动作的反复述说将狼写成贪婪奸诈的形象。但这里的狼只有一些简单的动作描写，而在俄罗斯民间童话《狼和七只小山羊》中对狼的描写就较之具体，略微涉及到声音粗糙、黑爪子这样的外貌形象。

推倒了树枝房子，第一只小猪和第二只小猪逃到了第三只小猪的房子里。砖头房子很坚实，狼推不倒，后来狼从烟囱里爬进第三只小猪的家，被小猪设计掉进锅里烫死了。狼想用阴险的计谋吃掉小猪，结果被聪明的小猪智斗致死。故事通

较早对民间童话进行改写的是贝洛，他根据当时流传于欧洲的传统故事改写了八篇童话和三篇童话诗，其中《小红帽》就是其中一篇。在最具典型的童话作品《小红帽》里，狼的骗术高超了许多，它先是在路上骗得小红帽外婆的住

址，提早到外婆家吃了善良的老妇人，然后扮作慈祥的祖母，模仿祖母说话的声调来欺骗小红帽。最后被狼吞掉的小女孩又从狼的肚子里爬出来，这一切当然是虚构的。比起《三只小猪》中的狼，他狡猾了许多，他学会了同小红帽辩解，但是最终凶狠的狼还是被樵夫砍死了。这里对狼的描写稍微具体了，狡猾、凶狠。故事对狼的性格用形容词下了定义，并且在狼与小红帽的对话中对他的外貌形象有所涉及，我们可以看到狼的胳膊粗、腿粗、眼睛大、耳朵大、牙齿大这些特征。在中国民间传说《狼外婆》中也有类似讲述。

在上述几个例子中，狼总是扮成善良的角色，或伪装成弱小动物的朋友，或伪装成善良的人形，为的是实现它吃动物、吃人的目的，但最终被对方识破。狼的形象主要体现在他的凶残、狡诈、贪婪的性格上，他的下场都是在与小动物或与人斗智的过程中失败被杀，这样的狼给人一种可怕的印象。他虽然能说话，但他没有名字，没有具体的外貌描写和心理刻画，可以说他只是纯粹的动物狼——凶狠残暴，食人食弱小动物。此类童话中遵循的是恶有恶报，正义一定战胜邪恶，像狼一样的坏家伙一定会得到惩治。深层次地说，像狼在这里只

是一个符号的象征即凶残性格的代表。

经过漫长的童话发展,童话进入了作家创作阶段,狼的形象在作家笔下日趋丰满,呈现多样化的性格。在现代童话中不难看出,也有凶残性格的狼。如《2005中国年度童话》中有一篇《画狼》,《没有尾巴的狼》中的第一个故事《秃尾巴狼与狐狸尾巴》等都有提到。

在20世纪的童话创作领域,出现了儿童化的狼形象。虽然狼各具个性,他们的外貌、心理和性格都独具特色,但他们的相同点都隐盖了狼的动物习性而带上孩童的天性,表现得天真、善良、稚拙、博爱。通过以下的例子,我们可以看到它们的形象是具体而丰满的,它们在作品中是作为各自不同的独特个性而存在的。

日本儿童文学作家中山李枝子的《不不园》第五章《大狼》。作品中的大狼即使肚子饿得发慌也不吃脏孩子茂茂,怕吃了肚子要疼,于是他想把脏孩子洗干净了再吃,他慌慌忙忙,辛苦忙乱了一阵后,结果还是因为跟孩子们说出要吃他们,而被小朋友们抓住,送进动物园去了。这里的大狼已经不可怕而是可笑的傻狼了。这里采用了茂茂的泛灵视角来看待大狼,大狼虽还有吃人的本性,但作品却出现了爱卫生的狼的形象。大狼的形象也很具体:有外貌描写"一身红毛衣""三角眼""瞪得圆溜溜的",有心理描写"大狼心想:'这么脏,

可不能马马虎虎吃下去呀！我要是吃了这种脏东西，准得肚子疼！"此童话中的大狼极富个性色彩，准确地说简直就是一个稚拙的个性孩童形象。

中国作家王一梅的童话《大狼托克打电话》一文中，大狼托克的电话是13749，没有一个数字是连着的，也没有一个数字是重复的，所以朋友们都记不住，他的电话也就一直没有响过，一个守候在电话机旁的

儿童形象跃然纸上，不过这并不妨碍他使用这个电话："别人不给我打，我就给别人打。"在电话里知道了朋友们的难处后，第二天就冒着雪天的寒冷，给熊送汉堡、给鸟妈妈送自己舍不得盖的被子、陪榕树说话、给小雪送滑板。装了电话没人打来，就自己找电话本来打出去，而且想要别人记得，一个一个重复着号码13749，明年再联系，一个天真无邪的孩子的形象出现在读者的脑海里。另外大狼托克也已经变成了一个舍己为人、乐于帮助朋友的孩子了。

128

再看中国作家汤素兰的童话《笨狼的故事》，故事中塑造了一个可爱的狼形象，笨狼是一只笨得可爱的小狼，是一只和人类一样过现代生活的狼，他要吃饭、穿衣、住房子、

从以上童话可以看出，作品中的"儿童化"的狼形象并非自然界中真正的狼，作品一般都具喜剧效果，洋溢着幽默与轻松的艺术氛围。

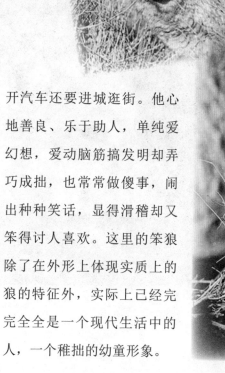

开汽车还要进城逛街。他心地善良、乐于助人，单纯爱幻想，爱动脑筋搞发明却弄巧成拙，也常常做傻事，闹出种种笑话，显得滑稽却又笨得讨人喜欢。这里的笨狼除了在外形上体现实质上的狼的特征外，实际上已经完完全全是一个现代生活中的人，一个稚拙的幼童形象。

*现代童话中狼形象所传达的意义

（1）儿童化的狼形象：儿童文学稚拙美的体现

稚拙，是儿童文学天然拥有的美学语汇和艺术特质。稚拙是幼稚而拙朴的意思，是生命初始的感性特征。对于稚拙美，《美术辞林》里如是说："原始时代的美术即为具有稚拙的形式者，但其稚拙可以使人唤起真挚与纯真的感情，故能给人以一种美感。"

如此看来，原始艺术是稚拙的，它唤起的是人们真挚与纯真的审美情感。因此，稚拙美就是以

幼稚而拙朴的形式表现了一种原始而又纯真的感情的艺术形式。李长禄在《论三峡民间美术的美学特征》中将稚拙解释为幼稚、笨拙，而方卫平在《儿童文学教程》下的定义是幼稚、拙朴。两者对"拙"的解释看似不同，实际并无差别。《现代汉语词典》中"拙"的解释是笨拙，即不聪明，不灵巧。儿童的"拙"是由于其神经系统尚未完全发育以及对社会认识尚浅造成的能力有限，通常表现为质朴、纯真。因此，"笨"是"拙"的原因，而"朴"则是"拙"的表现。稚与拙是幼儿心智未开发时固有的天性，"大体来说，儿童是最美的。一切个别特殊性在他们身上好象还沉睡在未展开的幼芽里，还没有什么狭隘的情欲在他们心中激动。"儿童文学中的稚拙美是对儿童的天性

131

的升华，不是愚昧无知、呆头呆脑的表现，而是纯正的质朴，作家灵感的闪现。

儿童文学的稚拙美表现在内容上，也表现在形式上。从内容上看，主要表现为儿童心理、生活中的稚拙情态和心态。从形式上看，儿童文学作品的文字、语言组合、叙述方式的变化等都可产生稚拙美。《笨狼的故事》不管是内容上还是形式上，无限真实的生活在作者的精心加工下，一种幼儿独有的

童真、童趣便跃然纸上，字里行间都充溢着稚拙美。在这部作品中我们绝不会联想到"狼外婆"或"大灰狼"，在这里狼是一个可爱的形象，打破了人们的思维定式。

《笨狼的故事》的主人公是一只笨得可爱的小狼，实质上代表了一个六、七岁的小男孩形象。和所有处于这个年龄层的孩子一样，语言最具特色，在陈述一件事时，往往说不清楚。故事刚开始，妈妈气呼呼地一个人走了，可怜的爸爸追的时候没系鞋带，结果把腿摔断了。笨狼把爸爸送到医院，直嚷"摔了一跤，摔伤了，医生快来呀！"（《笨狼是谁》）从这句话里，我们可以体会到笨狼当时的急切心情，一着急，笨狼就忘了一个关键要素，究竟是谁摔伤了呢？这就是孩子的特点，表述不完整。当青蛙大夫询问笨狼摔了哪儿

时，笨狼的回答是"我只看见左脚踩了右鞋的鞋带，倒下去的时候，右脚又踩了左鞋的鞋带"。这个回答明显是答非所问，而且在表述上颇显累赘，虽然表达并无错误，但听者的感觉必定是云里雾里。儿童的语言表达能力尚不成熟，不能抓住关键要素简要陈述，所以在表达上必然会有些含糊不清。但正是这种含糊，构成了儿童身上非常可爱的一面。

另外，在形象的塑造上，我们可以在笨狼身上找到孩子们共有的缺点。孩子不会收拾自己的东西，经常把玩具扔得东一个、西一个的。笨狼也有这样的坏毛病——乱扔衣服，"床底下有五只袜子，但都不能配上对；在大衣柜里找

到了一只鞋，好不容易在厨房的地板上找到了另一只，不过挺可惜，两只鞋都是穿左脚的"（《倒霉的一天》）。食物对孩子的吸引力是极大的，笨狼自然也抵挡不住"吃"的诱惑，在算数课本上的香蕉、苹果、大鸭梨的引诱下，笨狼美美地来到了学校，和其他孩子一样会问"为什么不是真正的苹果呢？"结果乘兴而来，败兴而归（《上学》）。他又道听途说地以为聪明兔买了一罐咖啡，早早地"准备好咖啡杯和小勺子，烧好滚烫的开水"，吞着口水等着聪明兔

133

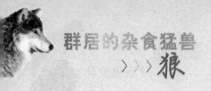
请他过去喝咖啡。在得知聪明兔买的只是一罐油漆时，笨狼失望得差点要掉眼泪了。当聪明兔答应漆完了栅栏去买咖啡后，笨狼"马上帮聪明兔漆栅栏，油漆刷子舞得像飞一样"（《都准备好了》）。贪吃是孩子的天性，它们又是那么单纯，一杯咖啡就足以使笨狼的心情从低谷到巅峰，一个活灵活现的幼童形象呈现在我们面前，孩子的生命特质在它的身上获得了完全地展示与发挥。

小笨狼天真稚拙的想法和行动代表了许多孩子纯真的满怀期待的梦想。家里装了电话，按了门铃，打电话请朋友来玩。"敲门不算，得按门铃，我的门上新装了电子音乐门铃了。"（《电话和门铃》）；聪明兔不肯借笨狼图画书看，为了不让聪明兔知道是它拿了，在桌子上留了一张字条，"……也没有把桌上的图画书拿走。证明人：笨狼"（《聪明的小偷》）；没人敢和小刺猬玩碰碰车，也没人和它一起玩，笨狼用红红的大钳子把小刺猬满身的刺一根一根都烫卷了。（《快乐的星期天》）；笨狼在自动扶梯上大声命令他停下，扶梯根本不理它，于是跟扶梯比，笨狼跑下一级，扶梯上升一级，真是狼狈。（《进城历险》）；天气一天天冷了，为什么不能像花背鸡孵小鸡那样多孵几个小太阳呢？（《孵太阳》）；冬天堆完雪人了，笨狼请朋友们吃雪糕，可摆在大家面前的却是一杯杯冒着热气的牛奶和小木片，原来笨狼"怕大家吃凉东西肚子痛，就把大雪糕煮熟了"（《煮雪糕》）。

和其他文学类型一样，构成童话世界中心和主体的，也是人物形象。"童话是人以及人与世界关系的富有诗意的幻想"。总

结童话形象的基本类型，根据其表现形态的不同分为超人体童话形象、拟人体童话形象和常人体童话形象三种。

其中拟人体童话形象在童话中最常见，是运用拟人手法，将人类以外的各种有生命或无生命的事物人格化以后形成的。在这种童话里，主人公经常不是人、它们不仅有生命，而且有思想，有感情、有性格，能像人一样说话、行动，也可以与人相处和交谈。拟人体童话中的人格化的角色，并不等于生活中真实的人。他们具备了人的某些特点，但仍然保留物的许多属性，既是人又是物。拟人不仅不能违反所拟之物的原来特点，而且要照顾到物与人以及其他物指间原有的关系，和支配他们的自然和生活规律。

在安徒生的童话里，天鹅、鸭子都可以讲话，但都没有违背原有的性格和特点。如果说在《画狼》里兔子打败狼，吃掉狼，就没有说服力，儿童就不会相信，这个童话就失去意义了。五六岁、十多岁的孩子对于动物特别感兴趣，他们对动物常常有另外的想象。一到动物园可以看到许多小孩，站在笼子外不肯离开。他们对于动物有特别的爱好，往往觉得那些动物跟他们的关系密切，认为他们也会讲话，也会做事……儿童的思维方式带有童话的特点，在生活中我们常常可以看到幼儿拿玩具当伙伴，与猫、狗等动物说话，他们把自己天真的思想感情注入到周围的有生命无生命的事物上去，所以童话里描绘的种种人格化的事物都使他们感到亲切。列宁曾说："儿童的本性是爱听童话的（任何童话都有现实的成分）——如果你给儿童讲故事时，其中鸟儿、猫儿不会说人话，那么儿童

135

们便不会对他发生兴趣。"

由此可见，狼形象从动物狼到儿童化的狼的变化是适应了儿童的心理的。儿童最喜欢有拟人特征的被驯服的动物，不喜欢有危险性的动物。狼自然被列为不喜欢的动物之一，它对人有危险性，在传统童话里，狼向来是人类的敌人，我们从小受到的家庭教育里，大都含有对狼的恐惧和仇恨的。进入作家创作文学阶段，狼在童话中还是较常见的，现代童话赋予狼儿童的天性，开始出现天真的狼、稚拙的狼、有爱心的狼等等，狼形象从扁平单一的凶残邪恶、贪婪狡诈类型化走向浑圆丰富的多元化，从动物性走向了个性儿童化。总的来说，狼形象中的儿童化最多的表现为稚拙。

从以上的多个故事中可以看出，只凭有限的知识和简单的逻辑去思考，孩子们自然会力不从心，会做出一些在我们成人看来是很幼稚可笑的背理反常的举动。如果他们也能以严谨的逻辑去思考问题，那么上述笨狼所做的"蠢事"便不

存在了，笨狼也就没有故事可以与　义，现代童话中

　　稚拙是儿童文学天然拥有的品质，与儿童文学的读者群——儿童是密不可分的。正是儿童的生活天然稚趣，反映在文学作品中，形成了儿童文学的稚气、简单、强烈的主观性，表现出特有的稚拙感。

　　（2）多样化的狼形象：人与自然和谐的呼唤

　　贾平凹在《怀念狼》的后记里是这样说的："正因为狼最具有民间性，宜于我隐喻和象征的需要。怀念狼是怀念着勃发的生命，怀念着英雄，怀念着世界的平衡。"同样在童话里的"狼"也承担起"自由""野性""独立"与"英雄"的精神意

狼以它自身的独立性的方式进入了童话，狼性本身以及它与人性之间对比关系得到了一定程度的体现。狼，一直被误认为以食为天、以杀为天，显然都不是，无论是食还是杀，都不是目的，而是为了自己神圣不可侵犯的自由、独立和尊严。

　　在童话阅读中，孩子可以从中找到自己的影子、体验新鲜的感受、品味丰富的生活、在童话世界

里尽情释放自己的心情。孩子们从作品中认识许多东西、知道许多事情、懂得许多道理，但他们不仅要知道孩子自己的事情，也要知道大人们的事情。他们要了解全部的生活，要了解整个世界。把儿童文学局限于反映儿童生活，只会堵塞住儿童文学从广阔的生活中吸取养分的源头，使之逐渐枯竭，从而也严重削弱了儿童文学的教育力量。

现代童话中注入了不少现代因素，由于社会文化的影响，童话表现主题出现多元化。中国作家童话《国王和狼》反映的是环境问题，讲述了一个年轻的国王继承了他父亲的草原及草原上的牛羊与狼群。当他戴上王冠的那天就听到狼群袭击牲畜的消息，其实狼只在饿的不行的情况下才会吃牧人们养的牛羊。于是国王就认为是狼破坏了草原上的安宁和幸福，决定必须彻底消灭狼，而且他也这么做了。几年过去了，牧民们骨瘦如柴，牛羊也瘦弱了。一直找不到原因，直到国王掉进陷阱，不经意进了兔子王国才解开谜团。原来在草原上狼是兔子的天敌，狼灭绝了，兔子大增，牧草被收拾的精光。可是狡兔有三窟，比打狼更困难，最后只得进口100只狼，之后草原又有了安宁、富足、欢乐和幸福。让人们认识狼、认识狼的生存环境，了解狼这种动物的习性以及它们在大自然中的生存规律，对人们认识自然、尊重自然、保护自然和改造自然都是十分有意义的。这类童话之所以值得关注，一个重要的原因，就是地球环境的日趋恶化，许多物种濒临灭绝，人类赖以生存的大自然正在失去生态平衡，所有这些已经对人类构成严重威胁。正如曹文轩先生所言："反省中的人类重又渴望小鸟如飞临青枝一般飞临肩头歌唱，马鹿共饮一瓢清水甚至与狼共舞于荒漠沙丘的往日时光。"这是人类对自身及所造成的恶劣自然环境的深刻反省和对生存日益艰难的动物的温柔致意，对地球生存环境与状态的思考。《2003年度中国最佳童话选》中有一篇名为《城市里的狼》就有这么一句"草原被毁了，家没了……"

《城市里的狼》中的老狼被关在笼子里，"你以为这里好待吗？没有自由，没有尊严，甚至我们连自己是谁都忘记了……"随着人类社会的文明化，狼的野性在逐渐消失，自由自在生活在大自然的狼屈指可数。城市里的狼，来自北方，来自大自然的野性的狼无法在城市

中生存，先是被当成狗饲养，再是被动物园的人发现关进笼子，最后这只可怜而孤寂的狼，失去了家园，失去了亲爱的朋友，被单独关在笼子里，从此生活失去色彩，生活毫无意义，没过多久，城市里的狼孤独的死去了。许多年后，狼只是标本了，还在叙述着古老的童话，"那是大灰狼，能吃小孩子，可吓人了……"它依旧是大人教育吓唬孩子的那个可怕的形象符号。

"我是一匹来自北方的狼，走在无垠的旷野中……"随着嘹亮的歌声《北方的狼》来到南方，和南方的狼为爱情展开了斗争。表面上，南方的狼胜利了，它用阴谋战胜了北方的狼，北方的狼掉进了猎人的陷阱，要被送到动物园。没有自由它生不如死，北方的狼死了，是它心爱的姑娘让它死，"没有了自由，还活着干什么？""让我死吧！让我死吧！"北方的狼狂躁的用头猛撞铁栏。这个童话杨红樱一改她柔美温情的童话风格，写出了狼的勇敢、力量。

在希腊，神话中的盖世英雄安泰，英勇无敌，但他一旦脱离了生他养他的大地母亲盖娅，就失去了一切的力量。同样生活在草原上的狼，失去了自由，那么它就等于没有了灵魂。向来自由问题是哲学的中心问题之一，在《马克思的自由观》的前言中有定义自由的概念，"人在世界中的地位，人能否做自然、社会以及自己命运的主人等，都有一条红线贯穿其中，这就是——自由。"马克思认为所谓自由，首先是人的实践活动，其次才是意识。童话中的狼，实质上就是一个人，他有活动、有意识。在人们呼唤自由的时代，狼教会了人类很多东西，智慧、勇敢、顽强、忍耐、热爱生活、热爱生命、永不满足、永不屈服，并蔑视严酷恶劣的环境，建立起强大的自我。

140

第四章

与狼有关的
传说和故事

上古时候，人们相信以捕食动物为生的兽类属于另外一些种族，它们身上存在着令人崇拜的神奇力量。居住在北美西北海岸的印第安族特林基特人以及大湖东南的伊罗克人当中有"狼"姓氏族，土库曼族里11个部落以狼作图腾，乌兹别克人认狼为祖续写家谱，白令海一带因纽特人的武器和用具上，甚至在人的面部上都涂有各种图腾——为数最多的是狼，然后才是隼和乌鸦。几十年以前还保持着氏族形式的乌兹别克人虔诚地相信，狼（祖先）会使他们遇难呈祥。为了减轻妇女分娩时的痛苦，他们把狼颌骨戴在产妇手上，或者把晒干研碎了的狼心给她灌进肚里。婴儿出生后，立即用狼皮裹起来，以保长命百岁。在小孩摇篮下面拉拉扯扯地挂着据说是可以驱邪除灾的狼牙、狼爪和狼的蹄腕骨。成年乌兹别克人的衣兜里，总是揣着一些狼的大獠牙，随身携带的口袋里也少不了狼牙和狼爪一类的护身符。他们认为，这些狼玩艺可保逢凶化吉，大难不死。护身符不许买卖，但可以互相赠送。布里亚特人则习惯把麻疹病患者裹进狼皮来消灾除病。

传说中的狼

传说上古时代，伏羲氏经推选为部落联盟首领，由于他与先母女娲互敬互爱，治国有方，远近各族无不俯首朝拜，并且逐渐教会族人饲养家禽，驯养家畜，故部落摆脱死亡，出现了一片龙凤呈祥的胜景。

伏羲氏统治下的黄河上游的有良国，是西方一小国，族人不足数百，加上土地贫瘠寸草不生，男人无猎可狩，妇人无果可摘，但国主有良氏却是一孝子也，无论族中所获食物多少，其都先喂其母，故在族中威信颇高。

后来族中连年大旱，千年松柏尽枯，万年龟鳖皆亡，生存已成有良国存续之根本，有良氏每天率领族中男丁外出狩猎，至晚归来，只不过是一些狗兔小物，然难解饥饿，看着族中老小饿死遍野、哭声震天，有良氏遂告众族，为求生存，拟迁往

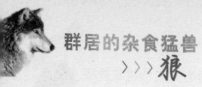

群居的杂食猛兽
>>>狼

伏羲部下所辖黄河下游膏腴之地。怎奈族中前辈怀恋故土，不忍迁移，只得作罢。有良氏更是看到其母舌吞黄土，手抓青石，心中更是悲痛。

一次，有良氏带领族人又去狩猎，唯独他射得一野兔，有良氏遂想一兔难救众人，且自己亲母已饥饿至极，生命垂微。故趁无人，放入自己衣袋中，后回去，未上供桌，独让其母享用。至此，每次狩猎，有良氏均先敬其母后于族人，以至族中陈尸满地，唯独其母更胜从前。

后族人得知此事，怨声载道，然无人敢去阻止，有良氏遂有恃无恐，肆无忌惮，将族中财物尽收家中，以孝其母，族中有几位长老相劝，有良氏遂以莫须有之理由，予以殉葬。

后夸父追日到此，看到人间怨气冲天，遂查明事端，治其罪，抛尸荒野，然其魂因思母，日夜不散，后其母终，有良氏遂化为一怪物，此物似犬，然比犬凶狠，族人将其治住，加以驯养，怎奈此兽不通人性，见人就咬，一时无人敢去靠近，族人就画其像以图腾，求其赐福。

后到黄帝时期，该野兽时常出没于山林中，伤及行人，贻害苍生，但得食后，先敬其母，独对其母孝爱至极，黄帝遂命仓颉为该兽命名造字，仓颉百思不解，后梦中见一长须老者，面无血光，跪喂其母，后化为兽。

翌日，仓颉将梦中之事告于黄帝，帝曰："此人乃先祖伏羲时有良国之首领，有良氏也。"仓颉恍然大悟，遂命为"狼"，意为"善之兽也"。兽本非善，然独善对其母，本可为仙，却因侵公敬母，损公肥私，以至幻化为兽，日夜独吼于林中。

苍狼白鹿传说

　　苍狼在蒙古草原上的诸多民族中都是作为图腾存在，《萨满论》中有言："他从黑暗中的一点微光处走来，是一只巨大的苍色的狼"。

　　鹿是蒙古人远古的图腾观念。《蒙古秘史》等史集都记载了关于蒙古人祖先的传说。远古时，蒙古部落与其他突厥部落发生战争。蒙古部落被他部所灭，仅幸存两男两女，逃到名为额尔古涅昆的山中。后来子孙繁衍，分为许多支，山谷狭小不能容纳，因而移居草原。其中一个部落的首领名叫孛儿贴赤那（意为苍狼），他的妻子名叫豁埃马阑勒（意为白鹿），他们率领本部落的人迁到斡难河源头不儿罕山居住。这一传说反映了蒙古先人从额尔古纳河西迁的事实，其时间大约在唐代末叶。苍狼白鹿的神话传说，反映了蒙古先民的一种图腾观念。

与狼有关的故事

*浮山狼事传说

从前在一个叫浮山的地方，一直有成群的狼出没。那里的生态基本保持着平衡。解放后，由于人越来越多，生产区域扩大，到处开垦山地，狼失去了生存空间，渐渐地狼群消失了，到了30年前，狼就彻底消声匿迹了，人们再也看不到狼了，狼也只能成为人们的一种记忆……

不久前，人们忽然发现有一头狼在村外山上出没，一下子引起了极大的恐慌。看到狼的人越来越多，狼出没的频率也越来越大。人们开始担心起来……有人想把这头狼打死，但他们知道现在的狼是国家保护动物，不能打，打死算犯法的。有人就想办法把狼赶走。于是就用各种方法，比如放鞭炮、敲锣打鼓把它吓跑。起初还有效果，但后来，狼胆子也大起来了，不再怕了。人们也没辙了。每天看着这头狼在村边出没，很是担忧……

但过了一段时间，人们发现，这头狼既不进村，也不吃家禽，见了人就跑。似乎对村民并不构成威胁。而且，它还无意中帮村民们做了件大好事。那就是，它专门吃山间田野里的野兔。原先野兔由于没有天敌，繁殖得很快，到处破坏庄稼，吃村民种的土豆，所以当地人都不敢种土豆，种了也白种。现在狼把野兔吃光了，当年土豆就丰收了。人们看到了狼带来的好处，开始不讨厌它了，也不再把它当成威胁了，即使在山上田间相遇，也各走各的，互不相干。

有天晚上，一村民听到有异声，以为是小偷来偷东西，就跑出去看，发现家畜都没少，看家的狗被栓着，但不停地发出呼呼的异样的叫声。再一仔细查看，发现在食槽边多了一条大狗，但又不象狗（因为耳朵与尾巴明显与狗不同），正在叽叽叽叽吃食槽里的饲料。这才知是那头狼进村了，在偷吃饲料。狼见有人来就立刻跑了。

狼进村了，人们又开始担心起来，怕它来偷吃家禽家畜，甚至会伤人……

但过了一段时间，人们发现，这头狼只在晚上进村偷吃饲料及喝水，并不吃家禽。于是，人们渐渐

地放下心来……

但是，有一天，终于发生了一件令人们担忧的事。那位村民某天早上突然发现鸡圈的围栏被扒开了，并且少了一只鸡。地上还留有不少新掉下的鸡毛。他立即意识到狼来偷过鸡了，于是到处找狼吃鸡的证据，以证实自己的判断。不久，就在田里发现了两堆鸡毛。说明它还偷吃别家的一只鸡……

狼不但进村，并开始偷吃鸡。人们一下子都紧张起来了，纷纷议论，这狼前阵子的温和表现是不是有意在迷惑村民？但是，一头狼怎么可能有这么深的城府及计谋？人们既不安，又百思不得其解……

过了几天，终于有了个新发现。

就是那被偷鸡的村民在田边又看到那头狼了，发现它的肚子特别地大。不象是吃了东西后变大的，而是像怀孕了。其他村民也看到，都一致认为这头母狼怀孕了。这么

一来,一个更可怕的推论出来了:既然母狼能怀孕,就说明一定还有一头公狼!那这么一来至少有两头狼了。

根据常识,狼是群居动物,一旦狼成群后,那攻击性及危害性是不言而喻的!想到这里,人们开始恐慌了。立即向当地林业部门汇报。林业部门接报后,立即组织专业人员到当地调察情况。经过缜密的调查后得出结论:方圆十几公里范围内,没有公狼的踪迹!也就是说,不可能有第二头狼的存在。

那这头母狼咋会怀孕的?人们更加不得其解。

后来,有村民反映,前阵子经常发现村里有头大黑狗(不是小黑)经常跟这头母狼在一起行走,会不会是大黑狗跟母狼?这狼与狗能配得上么?

后来村民咨询动物学专家,专家说:狼与狗同属犬科,是同一类动物,它们之间交配完全有可能,也算正常,以前也经常有此类事件发生。

但这头母狼怀上的是不是大黑狗的种,只有等待小狼出生后才知道,人们只有等待。

自从怀孕后,这头母狼索性在村边的山上打了个三米深的洞,在那安家了。白天还经常在村里行走,也不伤人。人们也不再害怕它,在路上相遇,各走各的,互不相干。组成了一个人与狼的和谐社会。

冬天到了,大雪纷飞,母狼就一直呆在洞里……

第二年春天,春暖花开,小狼出生了。村民趁母狼外出时,让小孩爬到狼洞里把小狼抱出来看看到底咋回事。结果出来了:共五只小狼,二只黄的,三只全黑的!这下谜底解开了,的确是母狼与大黑狗所生的。

故事到此基本结束

"舍不得孩子套不住狼"

　　"舍不得孩子套不着狼"（有时亦作"舍不得孩子套不住狼""舍不得孩子打不了/着狼）是一句人们所熟知常用的俗语，字面意思是为了要想打到狼有时不得不舍弃孩子，比喻要达到某一目的必须付出相应的代价。仔细想想这句话，颇有点让人不能接受：为了打到一只狼而不惜去冒让一个孩子丢掉性命的危险，这种做法也未免太残忍了点，代价也未免太大了点。

　　其实，这句俗语的本来面目是"舍不得鞋子套不着狼"，意思是说要想打到狼，就要不怕跑路、不怕费鞋。这是因为狼生性狡猾，而且体格强壮，善于奔跑，一旦被猎人发现，它不是东躲西藏，就是逃之夭夭。猎人若想逮住它，往往要翻山越岭、跑许多山路。而爬山路是非常费鞋子的一件事情，再加上古人脚上穿的多是草鞋、布鞋，很不耐磨。所以，在古时候，人们往往要在磨破一两双鞋子之后才有可能捕捉到狼，如果舍不得费这一两双鞋子就很难捕到狼。就这样，"舍不得鞋子套不住狼"这句俗语就诞生并广泛流传开来了。

那么，这句俗语中的"鞋子"一词后来又怎么会讹变为"孩子"呢？

原来，在古汉语中是没有j、q、x这三个音的，现代汉语中的j、q、x一部分来自古时的g、k、h，一部分来自z、c、s。所以，在古汉语中"鞋子"不读作"xie子"，而是读作"hai子"。后来，"hai"音分化，一部分仍读作"hai"，另一部分则读作了"xie"，"鞋"字即属于后一种情况。但是，在我国四川、湖北、湖南、上海、广东等地的一些方言中，"鞋子"却一直被读成"haizi"。时间一长，人们就习非成是，"舍不得鞋子套不着狼"也就被讹传误记为"舍不得孩子套不着狼"了。

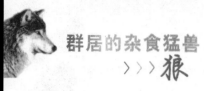

* 富翁和狼的故事

一位富翁在非洲狩猎，经过三个昼夜的周旋，一匹狼成了他的猎物。在向导准备剥下狼皮时，富翁制止了他，问："你认为这匹狼还能活吗？"向导点点头。富翁打开随身携带的通讯设备，让停在营地的直升机立即起飞，他想救活这匹狼。直升机载着受了重伤的狼飞走了，飞向500公里外的一家医院。富翁坐在草地上陷入了沉思。这已不是他第一次来这里狩猎，可是从来没像这一次给他如此大的触动。过去，他曾捕获过无数的猎物，斑马、小牛、羚羊、鬣狗甚至狮子，这些猎物在营地大多被当做美餐，当天分而食之，然而这匹狼却让他产生了"让它继续活着"的念头。狩猎时，这匹狼被他追到一个近似于"丁"字的岔道上，正前方是迎面包抄过来的向导，他也端着一把枪，狼夹在中间。在这种情况下，狼本来可以选择岔道逃掉，可是它

没有那么做。当时富翁很不明白，狼为什么不选择岔道，而是迎着向导的枪口扑过去，准备夺路而逃。难道那条岔道比向导的枪口更危险吗？狼在夺路时被捕获，它的臀部中了弹。面对富翁的迷惑，向导说："埃托沙的狼是一种很聪明的动物，它们知道只要夺路成功，就有生的希望，而选择没有猎枪的岔道，必定死路一条，因为那条看似平坦的路上必有陷阱，这是它们在长期与猎人周旋中悟出的道理。"富翁听了向导的话，非常震惊。据说，那匹狼最后救治成功，如今在纳米比亚埃托禁猎公园里生活，所有的生活费用由那位富翁提供，因为富翁感激它告诉他这么一个道理：在这个互相竞争的社会里，真正的陷阱会伪装成机会，真正的机会也会伪装成陷阱。

*狼的陷阱的故事

一只狼躲在一个山洞里，等待着猎物的到来。但是，好长时间过去了，也未见猎物的踪影。狼想，这一定是陷阱布置得缺少诱惑力，

于是，狼采集了一些鲜嫩的青草，沿路撒着，一直延伸到洞里。

狼继续隐藏在洞口等待着猎物，果然一只山羊吃着草走了过来，钻进了洞里。狼大喜，扑上前去，将洞封住，山羊情急下向洞的深处跑去，最后竟然从后面的一个小洞逃走了。

狼十分懊丧，它将洞内所有的出口巡视一番后又全部堵住，然后又躲在洞口等待猎物。一会儿，传来了一阵脚步声，一群持枪的猎人蜂拥而入，因洞内所有的出口全被堵住，狼束手就擒。

世上的陷阱起初都是给别人设的,后来却往往陷了自己……

*寓言故事——羊吞并狼

有那么一座山,山青水秀,丰庶富饶,半山处最好的地方生活着一群羊,羊们守着天赐的足水足食,过得很舒服,以为自己就是这山上唯一的统治者。直到有一天忽然冲下来一群狼,羊们在损失惨重后才意识到山顶是狼的世界,没有什么比狼对羊的威胁更大了,羊们的日子开始暗无天日。

(1)新一代羊领袖诞生

老羊头领是个投降派,一味地为了保命不予抵抗,甚至还把不听话的热血青羊送入狼口,这么一来,羊们觉得攘外必先安内,于是造了老羊的反,新一代羊领袖诞生了。

这个领袖有着过羊的智慧和惊羊的胆识,羊们像崇拜水源一样地崇拜他,都尊称他为"大水",特别是大水领着众羊奇迹般地打退了一次狼的进攻后,羊们更加发疯似地爱戴他,家家户户都挂着大水的肖像,大水说的话被印成了小册子,每羊一本。但是狼依旧在吃羊,羊们几无还蹄之力,整日里东躲西藏的,活得十分辛苦。

终于有一天,大水召集众羊开会。大水说他和狼们有了一次谈判,狼首领同意由大水每天提供给狼足够的羊,这样狼就不再下山来捕羊了,在狼吃饱的前提下,羊们可以过一种相对平安的日子。

羊们被这个谈判结果弄呆了，因为这样每天就将有不少数量的羊被送上山去吃掉，那么羊们最终不是全被吃完了嘛，大水为什么要同意这样做呢？但是羊们还是相信大水的权威，他是几百年来羊群中罕见的睿智的领袖，高瞻远瞩无羊能比，羊们仰望着大水希望他只不过是说了一个玩笑。

大水语气沉痛但十分刚毅地说，这是一个没有法子的法子，这不是玩笑而是即将施行的法律。大水说他将亲自组建一支铁血执行队，每天所有的成年羊都要参加抓阄，抓到的羊不能有异议，由铁血执行队送上山顶去给狼吃。铁血队的羊也不例外，也要参加抓阄，只不过为了不影响任务的执行，每天轮流派铁血队的一只羊参加。大水说他自己和未成熟的小羊不参加抓阄。

这个决定令羊们起了一阵危险的骚动，但终究还是大水在羊们心目中长久以来形成根深蒂固的权威占了上风，羊们还是愿意听大水把话说完。

大水拿出了一个小盒子，大水说，他有一个梦想，他的梦想就

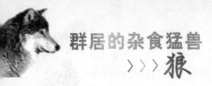

是终有一天羊们能把狼从山顶赶走，从此山上山下都是属于羊的美丽乐土，他坚信他的方法定将实现这一梦想。只是，这需要几代羊甚至几十代羊的不懈努力。

他的方法是不能外泄的，如有半点风声走露给狼知道的话，那么等待全羊类的只能是毁灭的结局。

所以大水将这个法子写好装在这个小盒子里，仅传给他以后的羊领袖，只有当最后他的梦想实现的那一天，全体羊类才可以聚在一起打开这个盒子将他的方法公之于众。不过那一天到时，现在在座的诸羊肯定已经都不在了，大水只能要求他们以坚定的信念相信这个方法，为了子孙后代的幸福，为了羊类的繁荣昌盛，按照大水的要求完成这个方法。

大水不抓阄并不是因为他怕死，大水说他若死得太早这方法就将无法推行，等到大水选出新的有足够毅力和决心来继续实行其方法的新羊类领袖时，大水将不待抓阄就自行上山去送给狼吃。

讲到这里，大水已是泪流满面，羊们都被震撼了。为了那个崇高而壮丽的梦想，羊们热血沸腾了。终于，羊们全体通过大水的新法律，那就是每天送十只羊给狼吃，在大水的提议下，考虑

要照顾母羊和小羊的合法权益，每天只要求一半的母羊参加抓阄，小羊则除非是狼特别提出要吃羊羔餐，否则不参与抓阄。

此外，还有一些补充细则也在大水的建议下秘密讨论通过，比如，羊们要致力烹饪事业，尽管羊不吃荤，但手艺不可不练；又比如，羊们要致力于生育事业，鼓励多生，地有多大产，羊有多大胆，只要能生，就要不停地生下去；再比如，羊们要加强外语学习，特别是狼的语言，要作为羊的第二语言普及教育，等等等等。

（2）接纳羊为狼国公民

日子就这样一天天过去了，狼和羊的世界都在悄无声息地发生着变化。首先是羊的数量惊人地增多了，狼们再能吃，每天十只大肥羊也足够了，想想以前穷追猛打下来一天也不见得能扑得到几只羊，狼们现在的日子简直像天堂一样。

而羊呢，除了抓阄时凄惨一点外，其余的时候，羊们不再担惊受怕地左躲右闪，一日三餐两觉过得极有规律，身子骨儿都健壮起来，半山坡又不缺水草，羊们吃饱喝足后可以放心大胆地生儿育女，到后来每天出生的羊发展到几十只乃至上百只。狼本来就不如羊会生，而且狼们比较文

群居的杂食猛兽
>>> 狼

明，它们一定要相爱才生孩子，不像羊那样无后为大，加上每个狼都过得很舒服，物质生活水平一高，精神生活就更上档次，狼们不愿意为了生育孩子而让自己过得辛苦不堪，所以慢慢的狼社会开始流行丁克家庭。许多年轻狼都声称这辈子只要两狼世界。

欢吃兔肉和鼠肉了，后来狼吃兔子吃得狠了，兔子急了也咬狼，结果有那么几个壮烈的兔子，不怕死地去做了全身整容，披上狼皮变成小狼崽子，趁狼不备用雷管炸毁了两个狼最喜欢住的洞穴，自己虽也没了全尸，但好歹也给狼们造成了一定的损失，从兔子的角度来说，已

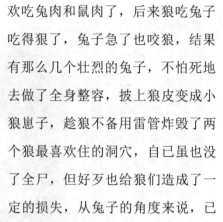

是十分惊人的成就了。

狼们对羊越来越有好感，为了多交流，更为了让羊多多提供能满足自己要求的服务，狼首领允许羊们到

世界在进步，狼的要求也越来越高。手艺高超的羊厨师们开始到狼国去当外劳，它们烹出的各类佳肴令狼们吃得赞不绝口，欲罢不能。而且狼们后来发现，羊厨师们烹出的兔肉宴、鼠肉宴比羊肉宴要好吃许多，慢慢地，狼们都比较喜

狼世界留学，后来更出台了移民法律，给羊发灰卡（也就是长期居留证），符合要求的还可以接纳羊为狼国公民。

这时候，羊的数量已经多得不能在半山坡上住下了，有本事有条件的羊都开始千方百计谋求去山顶

狼的世界，虽然那个世界与他们的家园是那么的不相同，但是好歹可以换个身份啊，成了狼以后就不用再遵守羊的法律，至少没了日日抓阄的恐惧，就算是在羊国当大款也比不上在狼国当小厮。

就在大水的孙子顺利成为第一只留学狼国的羊的那一年，大水去世了。他选了一只被尊称为大山的年青羊作为下一任头领，大山完全明白老头领的计划，他在老头领在世时就是最忠实的执行者，大水曾经说过，"大山办事，我放心"。大山和众羊出于对大水的无限热爱和敬畏，没有依照大水的遗言把他的遗体送到山顶给狼吃（也考虑到大水去世时年龄实在太大，狼们多半不会接受这种质量的肉），而是把大水小心地保存了起来留给后世羊瞻仰，大水的小盒子就放在他的身边，两者都被严密保护着。

狼世界的变化越来越大，主要

是由于大多数狼不用捕食一天到晚什么事都不干，狼一闲古怪就多，狼的后代们开始变得叛逆怪异。最突出的是有一批自称为护羊协会的狼出现了，他们要求不歧视在狼国生存的羊，要给具有狼国籍的羊们跟狼一样的权利，狼和狼国籍的羊应有平等地位等等。甚至还说，羊是狼的朋友，号召众狼抵制吃羊。反正狼和兔子自上回炸洞后就结了死仇，狼集中全部精力一门心思收拾兔子，就算不吃羊也饿不死。

科技兴狼，科技也兴羊，狼的日子因为高科技的迅猛发展而越来越现代化和舒适奢华，而羊们则发明了许多捕食机械，出口到狼国，于是鼠类鸟类都自投罗网，有时候还居然能逮住鸡，这可是狼除兔子外最爱的美味。渐渐的，狼都不怎么爱吃羊肉了，有的嫌有骚气，有的说吃了容易发胖。发展到后来羊国竟然可以连着好些天都不用抓闸，羊们的威胁越来越小。

（3）再也没有纯种的狼

最后有一日突然发生了决定性的事件，一只狼在和羊的亲密接触中，居然和一只漂亮的小母羊产生了爱情，两边都非羊不娶非狼不嫁。此事虽遭到两边家族的激烈反对，然而狼社会的统治阶级们已习惯了和羊交融互惠互利生活，加上狼国的狼口增长率已经因为很多年青狼的不愿生育而出现了负数，故此没有利用国家机器来干预这件用狼的法律衡量应属于基本狼权范围内的事，而爱情的力量是无可抵挡的，相爱的狼和羊逃到山顶一个比较荒僻的地方开了一家赌馆，就此生活下来。以后居然有许多的狼和羊效法前例，都跑到这里来结婚开赌馆，于是这个荒僻的地方，就此发展成了狼国里一个极有特色的繁华无边的赌城。

那个决定性的事件导致了一种（或两种）新生物种的出现，那就是混血的狼或者羊。为了按其承继的显性血统的不同来区别称呼，狼和羊都同意，像狼的混血后代，就叫作羊狼，而像羊的混血后代，就叫做狼羊。狼国还有一条比较特殊的法律，那就是只要是在狼国土地上出生的生物（即使它是兔子的血统），都承认它具有狼国籍。这一条法律后来据考证说是因为狼国最初的建立是由许多个不同的狼部落在战斗中达成协议所导致的，虽然

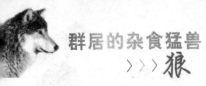

群居的杂食猛兽
>>>狼

这则法律并不能保证同一国籍的生物就不同籍相残（比如狼还是一贯地见兔子就要吃），但是对羊来说，这条法律可真是天大的好事，所以很多纯种的羊都被鼓励采取各种方法前往狼国生下后代。

山顶上的狼世界里出现了数量日增的狼国籍小羊。这种小羊虽然长的完全是羊的样子，可是羊话都说不利索了，并且最显著的变化是它们适应了狼的饮食习惯，虽然羊肉还是不吃的，但是兔肉宴什么的已可以像狼一样享其滋味。

对于这种惊人的进化后果，留在羊国的羊们有两种反应，一种是"啧啧"地叹息世风日下，羊不再羊；一种是频繁地带

162

着自己的孩子出入狼国快餐店在羊国的连锁店（那本是为了方便下到半山坡上与羊共存的友好的狼的），让自己的孩子也早早地接受这种饮食文化。有趣的是这两种反应经常在同一只羊身上出现，而且奇怪的是小羊们居然都很喜欢这种狼国特色的食品，一到节假日里快餐店里简直羊满为患。

几代的时间就这样波澜不惊地逝去了。混血的羊狼或者狼羊们又继续地生下混血后代，到后来简直已看不出像狼还是像羊了，不过这批混血生物都明显的聪明和健壮，充分说明了杂交的优势。当然，还是有一些为数不多的固执的狼，守着血统纯粹的规矩不肯放弃，但因为它们的数量越来越少，婚配的机会也越来越小，最后不得不近亲通婚，生下的后代不是痴就是傻，而且也没有再生育的能力。羊没有这个危机，本来羊就多得不得了，输出了一半到狼国剩下的还是数不胜数，所以纯种的羊群仍然十分壮大，关于这个问题曾有一只聪明的羊狼博士后专门写了一篇题为《优等物种的悲哀》加以分析阐述。当然此文

由于将狼算作优等物种，将羊算作劣等物种，在狼世界和羊世界都引起了轩然大波，羊首领（已经是大山后的第三代领导人了）向狼首领提出了严正抗议，后来还是狼首领出面澄清说那只羊狼这样写只是一个笔误而已，又向羊国作了一点象征赔偿，此事才不了了之。

最后，终于到了那一天，最后一只纯种狼在被大家遗忘的最高的

山洞里，凄风苦雨地咽下了最后一口气，从这一刻起，山上山下都再也没有纯种的狼了。而吃羊的习惯，早在十数年前就被禁止了，因为几乎所有的"狼"（更准确地说是狼国籍生物）都多多少少有着羊的血统，吃羊已是一件有违伦理的事。

（4）没有吃羊的狼存在

最后一只纯种狼的去世，在狼国并没有得到关注，但是在羊国，却引起了地震般的轰动，因为羊领袖（第四代领导）大草宣称，已是到了打开老首领大水留下的盒子的时候了。

这时距大水时代已差不多有百年，大水当年当着众羊声称他要将狼从山顶上赶走的故事已几乎成了神话，现在居然要将神话在现实中展现，每只羊

都激动地聚到了安放大水遗体的灵堂里。

大草无比崇敬地从大水棺中小心地取出了盒子，打了开来，拿出一张已经发黄发脆的纸，很小的一张，上面写着密密麻麻的字。

大草的嗓子微微有些发颤，但声音还是清晰可辨的："我的后代们，我的子孙们，你们如能听见下面我要说的话，那就说明，我的梦想终于实现了，我从心底坚信这一点，真的到了这一天时，我在九泉之下也会大笑。

我的方法，想必聪明的你们必然已经猜到了。是啊，我们是羊，狼吃羊是天道自然的规律，而如果我们和狼比拼武力，则千世万世都逃不脱被吃的命运，所以，惟有忍得一时，用我们羊最厉害的武器去谋求长远的胜利。而我们的武器是什么呢？那就是亲和。我们所谋求的最终胜利是什么呢？那就是再也没有吃羊的狼存在。

我们一定要和狼亲和，要学会他们的生活，要渗透到他们中间，甚至要变成他们的样子，我相信，若论生命的坚韧力和适应力，我们羊比狼要强很多。

166

为了生存，我们能受千辛万苦。狼本来也是善于生存的，可是，如果我们让他们过得越来越舒服，他们的生活能力就会越来越差，他们最后就不得不什么都依赖我们，我深信最后连生育繁衍他们都将不得不依靠我们，那么到了这个时候，羊征服狼的日子就不远了。

我亲爱的后辈们，我感激你们一代一代忠实地执行了我的计划，我幸福地预见到你们终将使这山上山下成为相安共存的乐园，请不要忘了那些舍身饲狼的英雄前辈们，他们是值得你们后世万代敬仰的。享受你们没有威胁的生命吧，我祝福你们。

"披着羊皮的狼"的典故

　　一只牛和一只鹿一直在无休止的争吵，牛义愤地说："鹿，你为什么要学我长犄角？"鹿怒发冲冠："你讲理不讲理，你看看鹿角和牛角一样吗？"牛还击道："你要学我长角我还可以容忍，可是你为什么还要自作主张把角长的和树权一样，这不明摆着糟蹋我们牛的形象吗？"鹿冷笑道："你的角长的和鞋拔子似的，我还嫌你糟蹋鹿的形象呢！"这回牛气极了，不容分说，亮出利角，径直向鹿顶过来。鹿也毫不示弱，低头亮角迎战。这场恶战直打的天昏地暗，尘土飞扬，遮光避日，一直打了三天三夜，不分胜负。

　　远处的草丛深处有只羊在观战，羊摸着自己的犄角自言自语道："牛啊，鹿啊，其实我的角才是模仿你们的角生长的，可是我的角比你们都厉害。你们打吧，等你们打累了，让你们见识见识我羊角的厉害！"正在羊旁观这场争斗意犹未尽的时候，突然远处传来一声凄厉的狼吼。正打的不可开交的牛和鹿即刻怔住，继而转头逃跑，顾不得胜败。牛和鹿想："狼怎么来了？还是保命要紧，这仗以后再分胜负吧。"

　　草丛中的羊可不干了，心想："这狼怎么这样多管闲事，我老人家热闹还没看够呢，你影响了我的雅兴，看我一个个怎么收拾你们。"于是，羊披了件狼皮，混入狼群中，朝那只吼叫的狼就是一犄角，狼那个痛啊！可是望着和自己同生死共患难的狼兄狼弟，狼想"肯定不是我的这帮兄弟暗中陷害我，看我的伤口，不是牛角顶的，就是鹿角顶的。这两个畜生，我好心帮他们停止了战争，他们反而来害我，看我怎么处置你们！"

　　再说那只披着狼皮的羊，暗中刺伤了狼之后，又分别潜入牛群和羊群，顶伤了鹿和牛。这时的鹿和牛已经气急败坏，昏了头脑，都以为是对方在暗算自己，这时他们又看见伤口处还留下了几根狼毛。于是鹿想："狼啊，我佩服你是动物群中的好汉，可你为什么要和牛一起来暗害我呢！"牛舔着自己的伤口道："狼啊，我佩服你是动物群中的好汉，可你为什么要和鹿一起来暗害我呢！"

　　稍后只见怒气满胸的牛和鹿恶狠狠地冲向狼，三方即刻开战。又是一场天昏地暗的恶斗开始了。远处草丛的深处有一只羊在乐呵呵观战……

　　许多年过去了，狼不知从哪里得知了真相。于是狼见羊就吃，成了羊的天敌，据说狼的祖先原来是杂食动物，只是偶尔才开荤。许多年过去了，鹿和牛不知从哪里得知了真相，于是开始和羊争抢青草，据说鹿和牛的祖先只吃竹子。

　　又许多年过去了，来了一群喜欢颠倒黑白的人，把披着狼皮的羊谣传成了披着羊皮的狼。自此，披着羊皮的狼成了人们茶余饭后的笑谈。

有关狼的文章欣赏

人类的记忆中对狼有诸多误解，然而面对发展的困境，我们不得不用另一种眼光重新审视我们曾经视为敌人的狼。它们的个性及社会结构让我们发现了一个完全不同的世界——一个互相合作、彼此忠诚、善于沟通的生存环境，我们由此获得了一种新的启示：在我们生存的这个世界里，除了人类，还存在着拥有更高智慧的狼群。向狼学习，向自远古以来与人类并肩而行的朋友学习。

*《荒原狼》

《荒原狼》是一部充满了狂暴幻想、具有表现主义色彩的小说。

小说先是虚拟了一个出版者对哈勒的手记的第一人称叙述，描述了哈勒这个人物的形象和行为特征。然后又根据哈勒留下的手记，通过另一个的第一人称叙述展开后面的情节。黑塞在小说中大量运用了梦幻形式，把第一次世界大战之后的一个中年欧洲知识分子的内心世界淋漓尽致地展示出来，使其成为20世纪西方小说的经典之作。

作品主人公哈勒是才智之士，有着丰富细腻的内心世界。他很孤独，很少向别人敞开心扉。他好像是来自另外一个星球，对人世间的虚荣、做作、追名逐利和自私浅薄极其厌恶。但与此同时他又发现，自己的这种厌恶感更多的是指向自

170

己。正因为如此，哈勒时时刻刻处于一种巨大的分裂和痛苦之中，用他的话来说，就是他身上有两种截然相反的东西在斗争着：狼性和人性。人性和狼性互不协调，当人性沉睡而狼性苏醒的时候，哈勒就走向堕落；当人性苏醒而狼性沉睡的时候，哈勒就会对自己的堕落和罪恶充满厌恶。正是人性和狼性的严重敌对，使哈勒产生了孤独感和自杀倾向。

那么拯救之路在哪里？一开始，哈勒企图用身上的人性去压制狼性，但结果却是不断陷入更大的苦闷之中。然后他用狼性来取代人性，则更行不通。这其实说明，哈勒将人的本性简单地看成狼性和人性的二元对立是错误的，是一种"毫无希望的儿戏"。认识舞女赫尔米拉之后，哈勒逐渐认识到了这个错误。经赫尔米拉介绍，哈勒先后认识了舞女玛利亚和赫尔米拉的

男友、音乐师巴伯罗。在他们的熏陶之下，哈勒逐渐接受了许多自己原先根本不能接受的东西。他认识

到，人的本性极其复杂，不是由两种而是由上百种、上千种本质构成，不是在两极之间摇摆，而是在无数对极性之间摇摆。

在小说最后的"魔术剧"中，哈勒终于找到了真正的解救之道。正因为世界和自我都是多元的而不是二元的，所以无论是回归人性还是回归狼性都是枉然。"回头根本没有路，既回不到狼那里，也回不到儿童时代"。面对这个世界所有的背谬和荒诞，只有用笑和幽默来

对付。小说的最后，哈勒终于将生活戏剧的所有"十万"个棋子装进口袋，而且决定反复去体会生存的痛苦，将游戏玩得更好些，"总有一天会学会笑"。

知识百花园

"狼子野心"的典故

楚国令尹子文，为人公正、执法廉明，楚国的官员和老百姓都很敬重他。

子文的兄弟子良，在楚国当司马，生个儿子叫越椒。这天，正逢越椒满月，司马府宴请宾客，一时热闹非凡，显得喜气洋洋。子文也应邀来到司马府，看到侄子越椒后，大吃一惊，急忙找来子良，告诉他："越椒这个孩子千万不可留。他啼哭的声音像狼嚎，长大以后必然

是我们的祸害。谚语说：'狼崽虽小，却有凶恶的本性。'这是条狼啊，你千万不能善待他，快拿定主意把他杀了。"

子良听了这番话，顿时吓得魂飞魄散。过了好一阵，才断断续续地说："我是……是他的亲生父亲，怎能忍心亲手杀……杀了他呢？"

子文一再劝说，子良终不肯听从。

子文对此事十分忧虑，在他临死的时候，把亲信们叫到跟前告诫说："千万不能让越椒掌权。一旦他得势，你们就赶快逃命吧，否则后果不堪设想。"

子文死后，他的儿子斗般当了令尹，越椒也接替父亲做了司马。公元前626年，越椒为夺取令尹职位，百般讨好穆王，说尽斗般的坏话。楚穆王听信了谗言，让越椒当了令尹。后来，越椒趁楚穆王死后作乱，掌权后即杀害了斗般和子文生前的亲信。越椒的"狼子野心"发展到如此地步，是本性所致、势在必然。

群居的杂食猛兽
>>> 狼

*《苍狼》

　　本作品叙述的是一个摄制组在一个荒岛上拍摄以野狼为主角的电视连续剧的奇特有趣、动人心魄的故事。整部作品着力展示的是以"苍狼"为首的狼的一家在特殊环境下的种种险遇。狼群在种种险遇中所表现出来的出人意料、令人惊叹感慨的一系列行为，使读者在略带刺激的审美体验中领略到大自然法则的严峻和不可更易性，从而激发对人与动物、人与环境的种种思考。

174

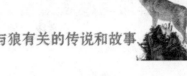

与狼有关的哲理典故

*狼医生

驴子在牧场上吃草，看见一只狼向他跑来，便装出瘸腿的样子。狼走过来，问他脚怎么啦。他说越过篱笆时，踩着了刺，扎伤了脚，请狼先把刺拔掉，然后再吃他，免得扎伤喉咙。狼信以为真，便抬起驴的腿来，全神贯注地认真检查驴的蹄子。这时，驴子用脚对准狼的嘴使劲一蹬，踹掉了狼的牙齿。狼十分痛苦地说："我真活该！父亲教我做屠户，我干嘛要去做医生呢？"

这是说，那些不安分守己的人往往会遭到不幸。

*狼与狗打仗

有一次，狼与狗宣战。一只希腊狗被选为狗将军，他迟迟没有应战，狼却不

175

群居的杂食猛兽
>>> 狼

断地大肆威胁他们。希腊狗说道："知道我为什么犹豫不决吗？战前谋划至关重要。狼的种类与毛色几乎相同，我们却种类不同，性格不同，加上我们毛色五颜六色，有的黑色，有的红色，还有的是白与灰色。带领了这些完全不能统一的狗，如何能去应战呢？"

这是说，人们必须团结一致、一心一意，方能战胜敌人。

*狼、羊群和公羊

狼派使者到羊那里去，说羊群若把守护他们的狗抓住杀了，便与他们缔结永久的和平。那些愚蠢的羊许诺了狼。这时，有只年老的公羊说："怎么使我们信任你们并与你们一起生活呢？有狗保护我们时，你们还搅得我们不能平安地吃食呢。"

176

这是说，人们不能相信坏人假惺惺的誓约，而放弃自己的安全保障。

*牧羊人与狼

牧羊人捡到一只刚刚出生的狼崽子，把它带回家，跟他的狗喂养在一起。小狼长大以后，如有狼来叼羊，它就和狗一起去追赶。有一次，狗没追上，就回去了，那狼却继续追赶，待追上后，和其他狼一起分享了羊肉。从此以后，有时并没有狼来叼羊，它也偷偷地咬死一只羊，和狗一起分享。后来，牧羊人觉察到它的行为，便将它吊死在树上。

这故事说明，恶劣的本性难以改变。

群居的杂食猛兽
>>>狼

* 牧羊人与狼崽

牧羊人发现了一只小狼，带回家喂养。小狼长大后，牧羊人教它去偷抢附近别人家的羊。已驯化的狼却说："你要我养成了偷抢的习惯，那最好首先请你看守好自己的

走起路来一瘸一拐，十分痛苦。一条狼见到了受伤的野驴，想要吃掉这唾手可得的猎物。野驴请求他说："你帮我拔出脚上的刺，消除我的痛苦，使我毫无痛苦地让你

羊，别丢失了。"

这是说，唆使别人干坏事，首先遭殃的是自己。

* 野驴和狼

有一天，野驴的脚被刺扎了，

吃。"狼用牙齿把刺拔出来，野驴不再脚痛了，顿时，他的脚也有力了，便一脚踢死了狼，逃到别处，保住了自己的性命。

这故事说明，对敌人行善，不仅得不到好处，还会遭到不幸。

178

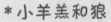

*小羊羔和狼

狼追赶小羊羔，小羊羔逃到一座庙中躲藏。狼向他叫喊："和尚如把你捉住，会把你杀了去祭神。"羊羔回答说："在庙中祭神，比让你吃掉好得多。"

这是说，无论遭到怎样的危险，也比死在恶人手中好。

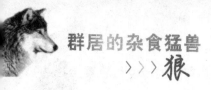

与狼有关的名词

*狼　群

一个或数个家族集合成一个大集团，过著群居生活。若雌雄配成对的，感情都很好，常会长时间生活在一起，有的甚至终生厮守，彼此照顾极为体贴，这是动物里很少看到的。

大集团只在冬天组成，夏天多单独生活，或过着小家族群的生活。冬天时，由于小型动物躲起来冬眠，因此多猎食鹿类等大型动物。然而，猎杀大型动物时又非成群结队通力合作不可，所以狼在冬

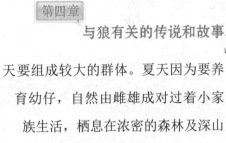

天要组成较大的群体。夏天因为要养育幼仔，自然由雌雄成对过着小家族生活，栖息在浓密的森林及深山中，很难被人们发现。

因此，全年生活在南方的狼，是不太会组成大集团，只有生活于北方的狼才会组成大集团。一个狼群通常有4～8只，但也曾发现多达36只的大集团。

*狩 猎

狼群狩猎时会全体出动协力合作。在找寻猎物时多排成一纵队，以每小时26～40千米的速度慢慢前进。

狼追赶猎物时，可一追数十千米，将猎物驱赶到很不好走的地方去；它们可以一直跟着猎物，直到猎物筋疲力尽时，才加以击杀。因此，狼是很有智慧、强健、勇敢的一种动物。

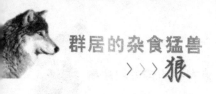

*狩猎场

狼群通常有自己狩猎的领域，并有狩猎专用的通道，这些通道有时长达100千米。

在这些通道附近，常有各种猎物出没。狼群常在这些狩猎通道上巡逻，并在各处涂上由身体所分泌的臭液或粪便，作为自己领域的标记。这些狩猎场常会一代继承一代。

*巢 穴

狼以树洞、岩洞、草丛作为藏

身和栖息的处所。在春天繁殖期，狼会再狩猎场附近筑造一些巢穴。筑巢多由雌狼负责，而由雄狼从旁协助。

狼如果在洞内筑巢，会先在内部铺些树枝，然后在铺上树叶和由母狼身上掉落的毛。

*幼 仔

在北美洲，狼多在5月生产。怀孕期为63天，一次可产3～6仔，最多纪录是14仔。

刚出生的幼狼，重400克，眼睛要10天候才能张开。幼狼很像小狗，具有淡青色或污褐色的厚软毛，约4～8周即可断奶，然后由双亲为给半消化后再吐出来的肉。

幼狼2个多月大时，已经能跑出巢穴，3个月大时就能跟着狼群到处乱跑。此后，即开始学习狩猎的方法。1岁大时，体型已长得像成狼一般大小了。2～3岁时便已成年。狼的寿命和狗差不多，约12～16年，但由人工饲养的狼可活到20岁。

包括尾、耳、口及身体的许多动作即发声，显示每一份子的身分及情绪。例如，强者会翘起尾巴来瞪视弱者，而弱者则伏下耳朵，示出喉咙来。

*社会组织

在狼群里有复杂的社会组织，经过争斗后，以最强壮的一只雄狼当领袖，再和一只母狼形成一对领导者，负责巡逻领域边界，解决成员争端，并控制队伍的迁移。

社会秩序的最低层常是被逐出的分子，生活在队伍的边缘，吃狼群的剩余食物维生。狼群的社会系统由很复杂的信号语言建立并维持。这种信号语言

*狼的秘密

闻狼色变。狼真的可怕吗？为了弄清事实真相，瑞典生物学家曾孤身深入狼窟，多年与狼为伍，在

意大利对近百只狼进行了观察、试验和研究。他常常同狼一起嚎叫，并逐步懂

得了狼的语言，揭开了狼群社会的秘密。

狼的最大特点是成群结队。狼惯于嗅探，确定邻居的情况，知道相互之间该如何相处。狼的嗅觉极其灵敏，不易受骗。它喜欢集体行动。一旦发现可猎取的动物，它们

便成群出击。在大风呼啸的雪原上，三、五十只饿狼呼啸而过，那是任何动物都难以匹敌的。有人曾亲眼看到几百公斤重的大熊被狼群追得走投无路，乱扑乱叫，最后群狼一拥而上，把它扯成碎片。在分食猎物时，狼各自贪婪地吞食，从不为争食而撕打。

在狼群中，只有一对狼享有最高的地位，它们就是狼群的首领。处于最高地位的公狼整天忙于维持狼群的安宁，平息争端，让好斗者受约束。而处于皇后地位的母狼，却是主宰狼群一切事务的总管。王位，是经过"竞选"斗争而得来的。它们常为争夺首领地位而血战一场。母狼之间的夺权斗争，甚至比公狼更为激烈。只是最有权威的"皇后"，才有做母亲的特权。所以，"皇后"总是严密地监视着其他母狼的恋爱生活，倘若哪只母狼与公狼发生交往，它就会被咬得鼻青脸肿。

"皇后"对求婚者极其温柔，

从不挑剔，平时它同下级公狼发生暧昧关系，这是为了自己将来的子女能得到这些公狼的照顾。只有发情期，为首的母狼才同地位最高的公狼交配。

狼的幼子在出生后不久，便开始出窝嬉戏了，并很快地学会了狼的语言。狼会扮鬼脸，高声嚎叫。

狼的嚎叫声调有高低之分，构成了不同的联络信号，以此与正在进行捕猎的同伴保持联系。远离的狼也用嚎叫来告诉同伴，自己在哪里。狼还往往利用嚎叫显示集体的威力。它们常常聚在一起，像举行歌咏晚会一般的嚎叫不停。

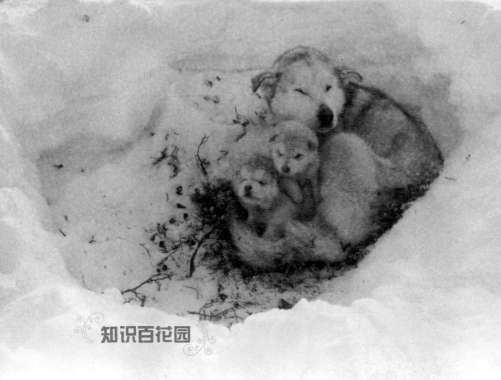

知识百花园

变狼术

在民间传说里，变狼术是一种能将人类变成狼的妖术。这个名词源于古希腊语的"lyk á nthropos (λ υ κ ? ν θ ρ ω π ο ?): λ ? κ ο ?, l?kos"（狼）和"? ν θ ρ ω π ο ?, á nthr ō pos"（人）。这个字也可以指将某人变成狼或狼人的行为。

一般来说，变狼术常用来指人化身成任何动物的变形，虽然较精确的用词为半人半兽。

从民族词源学来看，变狼术可以追溯到古罗马诗人奥维德笔下的古希腊国王吕卡翁。根据奥维德的变形记，吕卡翁为了测试宙斯的神力，将自己的一个儿子宰杀，欲哄骗宙斯吃下人肉，宙斯知道后大怒，将吕卡翁变成一只贪婪的狼以示惩戒。

临床上的化兽妄想则是一种精神疾病，病患相信他能够或曾经变身成动物，并做出动物的行为。此疾病或称为变狼妄想症，以和传说中的化狼术区别。